KB186659

왜 아이가
문제라고
생각했을까

아이의 진짜 행복을 위한
10가지 기질 육아

왜 아이가
문제라고
생각했을까

조윤경 지음

비타북스

코로나 팬데믹 이후의
육아는 달라야 한다

코로나19 바이러스로 인해 회사에 가지 않고 집에서 일하는 '재택근무'가 시행되고 있습니다. 위드 코로나(단계적 일상 회복) 시에도 과반수에 가까운 기업들이 재택근무 제도를 유지할 계획이라고 밝혔습니다.

교육계는 더욱 혁신적으로 변화했습니다. 비디오 플랫폼인 줌zoom으로 수업하는 온라인 개학을 맞으며 공교육에서도 비대면 시스템을 도입하게 된 것이죠. 코로나가 끝나도 이러한 온라인 학교 교육은 자리를 잡아갈 것이라는 의견이 많습니다. 전국 초·중·고 교사를 대상으로 진행한 코로나19 종식 후의 변화에 대한 설문조사에서도 '온라인 수업과 오프라인 수업이 적절하게 보완되는 '혼합형 학습'이 대세로 자리 잡을 것'이라고 응답한 교사가 56.9%나 되었다고 합니다.

코로나19 바이러스로 인한 팬데믹은 사람들의 삶에 대한 인식도 변하게 했습니다. 스스로 '이렇게 사는 게 맞나?'라는 질문을 던지게 했습니다. 전국 만 20세 이상 가구 1,000명을 대상으로 코로나 팬데믹 이후 일상생활 및 삶의 가치 변화에 대한 설문 조사를 진행한 결과 "기존 삶의 방식을 되돌아보는 계기가 됐다"라는 응답이 41%, "나와 가족의 미래에 대해 더 진지하게 생각하게 됐다"라는 응답이 53%였다고 합니다.

위 설문 조사 결과에서 알 수 있듯이 이제 가족의 의미와 역할은 더 중요해졌습니다. 타인과의 접촉에 공포감이 서린 만큼 집에서 보내는 가족과의 시간은 늘어났고, 부모는 코로나 팬데믹 이전보다 아이 양육에 책임이 더욱 커졌습니다.

가족이 함께하는 시간이 절대적으로 늘면서 가정에서 생겨나는 갈등도 외면할 수 없게 되었습니다. 미국이나 영국 등 해외에서 'Covidivorce(코로나(Covid)+이혼(divorce))'란 신조어가 생길 정도로 코로나로 인해 부부가 헤어지는 사례가 급증했습니다. 예전에는 부부 사이가 안 좋으면 밖으로 나가 친구들을 만나거나 취미 활동을 하면서 스트레스를 풀고 가정으로 돌아올 수 있었지만, 이제는 죽으나 사나 집에서 함께해야 합니다. 부부가 싸워도, 아이와 싸워도, 집에서 일하고 밥을 함께 먹어야 합니다. 필연적으로 가족과 좋은 관계를 형성하지 않으면 행복할 수 없는 시대가 도래했습니다.

집안에서의 갈등을 피할 수 없게 된 만큼 부모와 아이는 건강한 '진짜 관계'를 맺는 데 힘써야 합니다.

코로나 팬데믹이 아니더라도 21세기는 변화의 시점입니다. '뷰카 VUCA'라는 말을 아시나요? 네 가지 영어 단어 'Volatility(변동성)' 'Uncertainty(불확실성)' 'Complexity(복잡성)' 'Ambiguity(모호성)'의 이니셜을 조합한 말입니다. 원래는 미국 육군 대학원에서 '상황이 파악되지 않아 즉각적이고 유동적인 대응 태세와 경각심이 요구되는 상황'을 나타내는 군사용어로 사용했습니다. 이후 변동적이고 복잡하며 불확실하고 모호함이 공존하는 현 세계 상황에 이 용어를 빗대어 '뷰카 시대'라는 표현을 쓰기 시작했고, 정치, 경제 등 사회 전반에 걸쳐 사용되고 있습니다. 그야말로 불안이 내재화된 시대가 도래한 것입니다. 어느 것도 확신을 가질 수 없고 미래를 보장해줄 수 없습니다. 전염병 속 갖가지 변수가 생존을 위협하고 직장에 출근하던 사람이 집에서 일하는 사회, 자영업자가 수입이 줄어 아르바이트를 하는 시대입니다. 안정을 기대할 수 없는 만큼 사람들은 불안에 빠져 재테크와 가상 화폐에 매달립니다. 집값과 연봉으로 계급이 매겨지는 사회적 분위기에 박탈감과 우울 속에서 살아갑니다. 직업을 가지면, 집을 가지면, 가정을 꾸리면, 아이를 낳으면 안정이 생기리라는 기대를 더는 할 수 없게 되었습니다. 예전처럼 직책이, 학벌이,

가정이 안정을 보장해주지 않습니다. 불확실하고 변동적인 세계정세 속에서 생존을 위해서는 '적응력'을 길러야 합니다.

 "적응하거나 죽거나(Die or adapt)."

세계경제포럼(WEF) 클라우스 슈밥Klaus Schwab 회장의 말처럼 우리는 양자택일 앞에 놓여 있습니다. 극단적인 표현이지만 받아들여야 할 때입니다. 이제 생존의 키워드는 '적응'입니다. 어떤 조건이나 환경에도 맞추어 대응하거나 알맞게 되는 능력이 필요합니다. 또한 실수해도 해결하면 된다는 사고방식이 있어야 어디서든 적응하고 전진할 수 있습니다. 그런 회복탄력성과 어디서나 자신의 행복을 찾아 나갈 수 있는 자립심, 소통 능력은 적응력의 기반이 됩니다.

아이를 어떻게 키우고 함께할 것인가를 더욱 고민해야 하는 지금, 육아도 세계정세에 걸맞은 전면적 인식 개선이 필요합니다.

이 책에서 소개할 '기질'을 인정받고 자란 아이는 자기존중감과 회복탄력성, 관계 맺는 소통의 힘이 강해집니다. 또한 기질별 맞춤 육아는 가족 구성원이 서로의 기질을 인정하고 지지하는 협력적인 태도를 갖추도록 도와줄 겁니다. 건강한 자기존중감을 가지고 타인과 소통하며 살아갈 수 있다면 어떤 조직에서든지 잘 적응하고 우수한 사람으로 평가받을 수 있습니다.

소통을 잘 하기 위해 중요한 것은 타인의 마음을 배려하며 자신의 요구를 말하는 것입니다. 사람마다 제각기 욕구는 물론, 그들이 생각하는 '최선'이 다름을 인정하고 상대를 관찰해야 합니다. 인간에 대한 애정과 관찰이 필요하며 무엇보다 자신을 사랑하고 자신의 마음 생김새를 알아야 합니다. 따라서 부모는 아이의 기질을 파악하고 아이가 자신이 어떤 사람인지 알아갈 수 있게 도와야 합니다. 《왜 아이가 문제라고 생각했을까》가 그 길잡이가 될 수 있기를 바라며 책을 만들었습니다.

저는 항상 자식을 평등하게 키우려고 애썼습니다. 어느 한 아이에게 집중하거나 다르게 대우하지 않으려고 했습니다. 하지만 아들은 서울대에 합격한 것과 달리 딸은 뜻대로 커 주지 않았고, 딸과의 갈등으로 고통스러운 시간을 보냈습니다. 저는 딸이 말을 듣지 않아 답답했고 딸은 제가 자신을 믿어주지 않아 속상했다고 합니다. 지금은 그 긴 터널을 지나와 '이해'를 바라지 않고 서로의 가치관과 감정을 '인정'하며 대화하는 사이가 되었습니다. 서로의 기질을 이해하고 서로가 다름을 수용한 덕분입니다.

왜 아이가 문제라고 생각했을까요? 뒤돌아보니 아이의 미래에 대해 너무 많은 걱정을 했던 것 같습니다. 저와 다른 기질인 딸의 행동이 저에겐 고쳐야 할 문제로 다가왔습니다. 어느 순간 그 걱정들은 아이의 말이 아닌, 다른 사람의 말에 귀를 기울이게 했고 아이는 자신의 기질을 외면당했습니다. 그 당시는 정말 아이가 행복하길 바라는 마음이었습니다. 하지만 그런 마음이 오히려 아이를 더 불행하게 했던 것 같습니다. 미래는 예측할 수 없습니다. 준비한다고 모든 위험을 대비할 수 있는 게 아닙니다. 코로나 팬데믹 시대가 올 것이라고 누가 알았을까요? 미래를 생각하며 불안에 떨지 말고 현재에 집중하고 지금 누려야 할 행복에 집중하세요.

자신의 기질을 지지받은 아이는 제멋대로 크지 않습니다. 자기 감정이나 행동을 통제할 수 있는 능력이 향상됩니다. 남과 자기를 비교하며 자신의 부족한 면에 연연하지도 않습니다.

반대로 위축된 아이는 스트레스를 이겨낼 힘이 없습니다. 자신이 약하다고 생각하는 사람이 어떻게 좌절을 극복할 수 있을까요? 자신이 있는 그대로도 거부당하지 않는다는 확신이 필요합니다. 그래야 용기를 갖고 집 밖을 당당하게 걸어 나갈 수 있습니다.

아이의 언행에서 부정적인 면을 발견해 이를 확대시키지 마세요. 아이를 믿어 주세요. 믿기 어렵다면 불안을 비추지 말아 주세요. 무조건적인 사랑으로 아이에게 세상에 대한 신뢰를 주고 용기 있게 살아갈 수 있게 하세요. 훈육에 앞서 부모의 사랑이 선행해야 합니다.

이 책은 저와 딸이 조금 더 빨리 가졌으면 좋았을 시간을 다른 많은 부모가 대신 가지길 바라는 마음을 담은 책이자, 부모를 졸업하고 나서 이제야 확실하게 말할 수 있는 후회의 고백입니다.

저는 뒤늦게나마 심리 치료와 기질에 관해 공부했고, 다년간 심리 치료사로서 가족 상담을 하면서 '기질'의 중요성을 이해하게 되었습니다. 그리고 그런 과정을 통해 딸의 기질을 인정하고, 진짜 관계를 맺고, 대화할 수 있게 되었습니다.

책을 쓰라고 제안한 것도, 책을 쓰는 데 가장 큰 도움을 준 것도 딸입니다. 우리가 나눈 힘겨운 시간이 누군가에는 위로가 되길 바란다고 했습니다. 대견스러운 딸의 모습을 보며 용기를 내었습니다.

딸은 제 말이 보다 더 친숙하게 다가설 수 있게 글을 쓰고, 교정을 도우며 이 책의 처음과 끝을 함께했습니다. 지금의 저와 딸처럼 있는 그대로의 상대를 인정하고 존중했을 때 오는 편안함과 행복이 여러분 모두에게 깃들기를 간절히 바랍니다.

엄마는 태어나는 것이 아니라 경험을 통해 만들어집니다.
모든 아이가 나답게 크길 바라며
_윤앤지심리연구소 대표 **조윤경**

CONTENTS

Chapter. 1

진짜 관계를 시작하기 위해
닮음이 아니라 다름을 발견합니다

Chapter. 2

기질 맞춤 육아 ①
내향형과 외향형 기질을 이해합니다

Chapter. 3

기질 맞춤 육아 ②
배려형과 자기형 기질을 이해합니다

Chapter. 4

기질 맞춤 육아 ③
자극추구형과 위험회피형 기질을 이해합니다

Chapter. 5

기질 맞춤 육아 ④
감정형과 이성형 기질을 이해합니다

Chapter. 6

기질 맞춤 육아 ⑤
타율형과 자율형 기질을 이해합니다

Chapter. 7

욕구와 결핍의 차이를 알고
아이와 아이의 다름을 이해합니다

Chapter. 8

내 마음을 돌보니
비로소 아이 마음이 보입니다

들어가며

자존감과 적응력이 강한 아이로 키우는
아이 맞춤 기질 육아

모든 사람은 신체적, 지능적, 정서적 차이를 갖고 있습니다. 겉모습이 비슷해도 모두가 다른 존재기에, 간극의 차이가 있을 뿐 우리는 저마다 다른 능력치와 성향을 갖고 있습니다. 그래서 같은 환경에 놓여 있어도 사람은 저마다 다르게 성장합니다. 같은 자극도 다르게 받아들이기 때문입니다.

우리 아이들은 어떨까요? 병원에 가면 주삿바늘에 찔리자마자 우는 아이가 있고 주사를 맞아도 표정 하나 바뀌지 않는 아이가 있습니다. 사람들을 보면 좋아서 달려가는 아이가 있고 책만 붙들고 있는 아이도 있습니다. 온종일 놀아도 지치지 않는 아이가 있고 조금만 놀아도 집에 와서 드러눕는 아이가 있습니다.

같은 배에서 나온 아이라도 성향과 능력이 다릅니다. 첫째는 수용적일 수 있고 둘째는 배타적일 수 있습니다. 예를 들어 부모에게 혼났을 때도 첫째는 참고 둘째는 항변할 수 있습니다. 똑같은 상황에서도 다르게 대처할 수 있어요. 다른 사람이니까요. 외동도 마찬가지입니다. 주변 친구들이 밖에서 노는 걸 좋아해도 우리 아이는 혼자서 TV 보는 걸 좋아할 수 있습니다.

이런 성향은 누구에게 배웠거나 살면서 형성된 것이 아니라 타고나는 것으로 이를 '기질'이라고 부르며, 인간은 태어날 때부터 저마다 자신의 기질을 가지고 있습니다.

기질은 자극에 의해 자동으로 일어나는 정서 반응으로 일생에 걸쳐 비교적 안정적으로 유지됩니다. 20세기 가장 영향력 있는 심리학자 중 한 명인 제롬 케이건Jerome Kagan 교수는 기질 연구에 평생을 바쳤습니다. 그는 기질 연구를 통해 '생후 3년간 소심하고 수줍음을 타던 아동은 성인이 된 후에도 의존적이고 도전을 꺼리는 성격으로 발전했으며 교사, 학자 등 비교적 안정적인 직업을 선택했고, 겁이 없고 대담한 아이들은 축구팀 코치, 기업가 등 비교적 불확실성이 크고 세상과의 교류가 활발한 직업을 택했다'고 밝혔습니다. 또한 어릴 때부터 아이의 타고난 기질을 정확히 파악하고 그에 맞는 양육법으로 아이의 기질을 긍정적인 방향으로 발전시켜야 한다고 강조했습니다. 그는 덧붙여 "어릴 적 자녀의 기질에 대해 알고 있으면 그 자녀가 특정 상황에서 어떻게 행동하고, 최선의 성과를 얻도록 용기를 북돋우기 위해 어떻게 응용해야 하는지 잘 준비하거나 대비할 수 있다"라고 주장했습니다. 예를 들어 까다로운 기질의 아이를 키우는 부모가 자신의 양육 방식을 탓하며 자책할 필요가 없고, 내향적인 아이를 키우는 부모는 아이에게 무리한 활동성을 강요하면 안 된다는 것이죠.

저는 아이와 부모의 마음 생김새 차이를 구별하는 데 길잡이 역할을 해줄 이 기질에 관해 설명하려 합니다. 기질을 파악하면 부모와 자식 사이에도 건널 수 없는 강이 존재한다는 것을 인지할 수 있습니다. 교육과는 별개로 저마다 타고난 기질이 다르다는 것을 알면 자식을 다 안다고 생각하는 오만이 없어집니다.

대다수 양육자가 아이의 기질을 변화 가능한 것으로 인지합니다. 하지만 외부에서 기질을 변화시키려 할 때, 아이는 자신을 부정한다고 느끼고 저항하게 됩니다. 이는 성격 형성에 영향을 주어 정서적 문제가 생기거나, 훗날 부모 자식 관계가 틀어지는 등의 부작용을 겪을 수 있습니다. 게다가 자신에 대한 부정적 인식이 쌓여 자신감이 없어지고 자기존중감이 낮아집니다. 불편한 감정과 행동을 드러내게 되어 정서적 불안정성이 표출되고, 불안정한 아이는 타인과 안정적이고 지속적 관계를 형성하기가 어려워집니다. 관계 맺기에 실패한 아이는 거듭되는 좌절을 느끼고 자신에 대한 부정적 개념을 다시

금 만들어냅니다. 자신의 기질을 있는 그대로 존중받지 못하면 이러한 악순환이 계속됩니다.

부모는 보통 '흠잡을 데 없는 아이'를 키우려 노력합니다. 아이가 밖에 나가서 공격받지 않고 어디에서나 환영받기 바랍니다. 사교성이 좋고 공부도 열심히 하고 예의도 바른 아이는 모든 부모의 꿈입니다. 이런 바람은 '보편적인' 만큼 아이 각각의 '개별성'은 무시한 꿈이기도 합니다. 우리 아이가 어떤 상황에서 즐거워하고, 어떤 언어에 민감하게 반응하고, 어떤 사람을 불편해하는지 관찰해야 개별적이고 실현 가능한 아이의 진짜 행복을 꿈꿀 수 있습니다.

부모가 기질에 관한 이해 없이 아이를 바라보는 눈은 상당수 주관적입니다.

"애가 너무 산만해서 걱정이에요."

겉보기에는 아이를 걱정하는 표현이지만, 사실 이 말은 아이의 행동을 고쳐야 할 문제라고 생각했을 때 나오는 표현입니다. 아이가 산만하다는 평가는 부모 스스로가 내린 주관적 판단임을 인지해야 합니다. 부모가 활동성이 크지 않고 조용한 성격이라 아이의 행동이 과하다고 여겨지는 것입니다.

부모는 첫째로 아이와 자신을 타인이라 인식하고 분리해야 합니다. 그리고 관찰자적 시점에서 아이와 자신의 다름을 발견해야 합니다. '내 아이'라는 좁은 틀에서 벗어나지 못하면 부모는 아이가 진정 원하는 게 무언지 알 수 없습니다. 아이의 특정 행동이 계속해서 눈에 거슬리고 그것이 매우 큰 문제로 다가온다면 '내가 너무 한 부분에 치우쳐 아이를 바라보고 있지 않나?' 자문해 보세요.

이제부터 아이의 기질을 파악하는 과정을 통해 내가 이해할 수 없는 아이 행동 뒤에 숨겨진 힘을 알아보려 합니다. 아이의 행동 속에 숨은 생체 메커니즘을 이해해주기 바랍니다. 기질에는 옳고 그름은 없지만, 강점과 약점은 존재합니다. 아이의 행동이 계속 눈에 거슬린다면 아이의 약점에만 집중하고 있기 때문일 겁니다. 하지만 부모가 아이 행동을 어떻게 인식하느냐에 따라 약점이 강점으로 변화하기도 합니다.

부모 눈에 '우리 애는 왜 이렇게 산만하고 충동적일까?' 했던 아이는 '모든 자극에 궁금증을 갖고 적극적으로 탐색하는 열린 태도의 아이'로 관점을 달리해 바라볼 수 있습니다. '너무 소극적이고 말도 잘 안 하는데, 친구도 한 명 못 사귀면 어떡하지?' 하고 우려 했던 아이는 '사람을 알아갈 때 신중한 아이'라고 관점을 달리해 바라보면 아이의 강점이 보일 겁니다. 기질을 이해하면 아이의 숨은 능력을 찾아낼 수 있습니다.

'다른 애들은 안 그런데 우리 애는 왜 그럴까?'
'왜 매번 똑같은 문제로 아이랑 부딪칠까?'

답이 나오지 않고 반복되는 물음에 지쳤다면, 그에 대한 답이 이곳에 있습니다. 이제 그만 속앓이에서 벗어나세요. 아이의 기질을 파악하면 갈등을 해결해나가는 상황 속에서도 건강한 애착이 형성됩니다.

Chapter. 1

진짜 관계를 시작하기 위해

닮음이 아니라
다름을 발견합니다

부모들은 "우리 애는 나를 참 많이 닮았어" 혹은 "쟤는 아빠(엄마) 닮았나 봐"라는 말을 자주 합니다. 은연중에 자기 닮은 구석을 찾느라 애쓰는 경우도 있습니다. 이런 행동은 부모와 자식 간의 유대감을 강화해주지만, 아이와 부모를 분리하기 어렵게도 합니다. 아이와 나의 닮은 점을 찾지 말고 다른 점에 주목해 주세요.

'누굴 닮아서 저럴까?' 생각하지 말고 인정해 주세요. 아이와 당신은 타고난 기질이 달라서 세상을 바라보는 시각도, 행복을 향해 나아가는 방향도 다를 수밖에 없습니다. 그런데도 아이를 당신의 품속으로 끌어당기려 하면 아이와 진짜 관계를 맺기 어렵습니다. 아이와 자신이 다른 욕구가 있고, 다른 환경과 언어에 반응한다는 사실을 알아주세요. 판단하기에 앞서 관찰하는 것, 그리고 서로의 다름을 존중하는 것이 진짜 관계의 시작입니다.

행복한 아이로 키우는
관계의 힘

세계 경제 선진국 38개국 어린이의 신체·정신 건강 및 학습 능력 현황을 분석·발표한 2020년 유니세프 보고서에서 한국 어린이의 '정신적 웰빙(행복 수준)'은 최하위권이었습니다. 신체 건강(13위), 학업 및 사회성(11위)은 상위권이었지만 정신적 웰빙은 34위였습니다. 어린이가 받는 정신적 스트레스가 그만큼 크다는 얘기겠지요.

무엇이 문제일까요? 한국만큼 육아를 열심히 하는 나라도 드뭅니다. 부모들은 자식을 위한 헌신을 당연하게 받아들입니다. 아이의 행복을 위해 최선을 다하는데도 왜 아이들은 이렇게 스트레스를 받는 걸까요? 아이의 진짜 행복은 어디서 기인하는 걸까요?

나라	정신적 웰빙	신체 건강	학업 및 사회성
네덜란드	1	9	3
덴마크	5	4	7
노르웨이	11	8	1
스위스	13	3	12
핀란드	12	6	9
스페인	3	23	4
프랑스	7	18	5
벨기에	17	7	8
슬로베니아	23	11	2
스웨덴	22	5	14
크로아티아	10	25	10
아일랜드	26	17	6
룩셈브루크	19	2	28
독일	16	10	21
헝가리	15	21	13
오스트리아	21	12	17
포르투갈	6	26	20
사이프러스	2	29	24
이탈리아	9	31	15
일본	37	1	27
대한민국	34	13	11
체코	24	14	22
에스토니아	33	15	16
아이슬랜드	20	16	34
루마니아	4	34	30
슬로바키아	14	27	36
영국	29	19	26
라트비아	25	24	29
그리스	8	35	31
캐나다	31	30	18
폴란드	30	22	25
호주	35	28	19
리투아니아	36	20	33
몰타	28	32	35
뉴질랜드	38	33	23
미국	32	38	32
불가리아	18	37	37
칠레	27	36	38

출처: 2020.09.03 유니세프 '리포트 카드(Report Card) 16'

'행복'이란 무엇인가에 대한 연구는 끊임없이 진행되고 있습니다. 대표적인 내용으로《감성지능Emotional intelligence》의 저자인 심리학자 대니얼 골먼Daniel Goleman 박사의 장기 연구 결과에 따르면 행복하면서도 성공한 사람들은 지능이 높거나 성적이 우수하거나, 부유한 집안에서 자란 사람이 아니라 정서 지능이 높은 사람입니다. 그리고 정서 지능은 후천적 노력을 통해 높일 수 있다고 합니다.

또 다른 연구 결과도 있습니다. 하버드대학교 성인발달연구팀은 75년간 남성 724명의 인생을 추적했고 매년 그들의 직업, 가정생활, 건강에 관해 설문조사했습니다. 조사 대상은 대부분 2차 세계대전에 참전했던 사람들과 보스턴에서 가장 가난한 지역에서 태어난 소년들이었습니다. 이들은 커서 변호사, 의사, 벽돌공, 공장 인부 등이 되었습니다. 대통령이 된 사람도 있었습니다. 이들 중에는 알코올 중독자도 있고, 정신분열증 환자도 있었습니다. 75년간 진행한 연구 결과는 놀라웠습니다. 그들의 인생 데이터를 통해서 얻을 수 있었던 교훈은 행복이 부, 명예, 열심히 노력하는 데 있지 않고 **'좋은 관계가 우리를 행복하고 건강하게 해준다'**라는 것이었습니다.

연구팀은 그 외에도 행복에 관한 세 가지 교훈을 얻었습니다.

하나, 사회적 연결은 유익하지만 고독은 해롭다.

둘, 관계의 수보다 질이 중요하다.

셋, 좋은 관계는 신체뿐 아니라 뇌도 보호해 주며 애착 관계가 단단히 연결된 경우 기억력이 더 선명하고 오래간다.

하지만 이런 건강하고 단단한 진짜 관계를 맺는 것은 절대 쉽지 않습니다. 인간과 인간의 만남은 복잡합니다. 함께한 시간이 많다고 해서 마음을 놓을 수도 없습니다. 관계의 질은 명확히 눈으로 드러나는 것이 없기에 일보다 가족과 친구를 먼저 챙기는 건 시간 낭비라고 느낄 수 있습니다. 눈에 보이는 보상이 없는 일에 노력을 쏟는 건 허무하게 느껴질 수 있습니다. 게다가 친밀한 관계를 유지하기 위해서는 계속되는 노력이 필요합니다. 끝이 존재하지 않습니다. 그럼에도 불구하고 하버드대학교 성인발달연구팀의 75년간의 연구 가운데 '은퇴 후 가장 행복했던 사람'은 직장 동료와 친구가 되기 위해 적극적으로 노력했던 사람들이었습니다. 또한 '가장 행복한 사람'은 의지할 가족과 친구, 공동체가 있는 사람들이었습니다.

즉, 행복은 진짜 관계에서 기인한다고 볼 수 있습니다. 건강한 관계가 좋은 삶과 행복을 만듭니다. 그렇다면 앞선 조사에서 한국 아이들의 정신적 웰빙 지수가 낮은 이유도 부모와 아이의 관계에서 찾을 수 있지 않을까요? 부모는 아이가 처음 관계를 맺는 대상이며 태어나면서부터 가장 긴 시간을 함께하는 사람이니까요.

상담소를 찾는 대다수의 부모는 아이를 매우 열심히 키운 사람입니다. 다만, 아이가 부모 말을 잘 들어야 좋은 대학을 가서 잘 먹고 잘살 거라는 오해를 하는 분들이 많습니다. 아이의 반항이 방황이 되고 안정된 미래가 사라질까 두려워합니다.

부모는 아이를 교육하는 사람이 아닙니다. 보호하는 책임을 가진 보호자입니다. 보호자가 아닌 교육자의 탈을 쓸 때 부모와 아이의 관계는 어그러지기 시작합니다.

만약 당신이 교육자의 역할에 집착한다면 아마도 아이가 모든 것을 갖추었을 때 행복하다고 믿기 때문일 겁니다. 그러나 일차원적으로 보면 불행하지 않은 것이 행복일 수 있습니다. 아이가 있는 그대로의 자신으로도 충분히 괜찮은 사람이라는 믿음을 갖게 해야 하고 이 자신감을 밑바탕으로 사람들과 솔직하고 지속적인 관계를 맺을 수 있게 장려해야 합니다. 부모는 아이를 판단하지도, 능력의 한계를 만들지도 말아야 합니다. 그것이 아이와 건강한 관계로 나아가는 첫걸음입니다.

우리가 아이를 키울 때 힘써야 하는 것은 아이가 부모와 바른 애착을 형성해 건강한 관계를 맺어나갈 수 있는 자양분을 심어주는 것입니다. 육아에 있어 무엇을 우선순위에 두어야 할지 고민하지 마세요. 아이의 건강, 학업 능력, 친구 관계 등 다방면을 신경 쓰기에 앞서 부모와 아이의 건강한 관계가 무엇보다 중요합니다.

기질을 알아야
진짜 관계가 시작된다

"내 배에서 나왔는데 속을 모르겠어! 내 아이인데 이해가 안 돼."

아이의 행동을 이해하기 힘들 때 부모들이 자주 하는 말입니다. 우리는 친구나 동료 같은 타인의 속을 모르는 것에 의문을 가지지 않습니다. 당연하다고 생각합니다. 그런데 왜 아이의 마음이 이해되지 않는 것에는 의문을 가지는 것일까요?

그 이유는 대부분 부모는 아이를 자기 분신으로 여기기 때문입니다. 부모는 자식이 부모가 바라는 대로 행동하기를 바랍니다. 또한 말하지 않아도 자식이 내 마음을 알아주기 바랍니다. 자식도 마찬가지입니다.

아이와 부모가 서로 타인임을 인식해야 소통을 시작할 수 있습니다. 사람은 서로 간에 접점이 없다고 생각할수록 대화에 노력을 기울입니다. 외국에서 온 이방인한테 길을 알려줄 때 손가락으로 길을 가리키고, 손을 잡고 상대를 이끌며 설명하는 모습을 떠올리면 이해가 쉬울 것입니다. 성숙한 인간은 개별화가 자연스럽게 이루어지지만 미성숙한 인간일수록 타인과 분리가 어렵습니다. 가족이라는 범주 안에 묶이면 더더욱 그렇습니다. 겉모습에, 핏줄에 현혹되면 안 됩니다.

동물에 비유하면 이해가 쉬워집니다. 여기, 강아지가 있습니다. 옆에 고양이도 있고 호랑이도 있습니다. 강아지는 그들도 모두 강아지인 줄 압니다. 서로의 근본이 다른 줄 모르고 관계를 맺으려 합니다. 그러나 강아지와 고양이는 다른 언어를 사용하고 다른 사료를 먹습니다. 강아지가 고양이에게 환심을 사기 위해 자기가 좋아하는 사료를 고양이에게 주어봤자 고양이는 기뻐하지 않습니다. 또한 강아지가 좋아하는 산책을 고양이에게 권유해도 산책을 좋아하지 않는 고양이는 기뻐하지 않습니다. 결국 고양이는 강아지의 호의에 기쁘지 않고, 강아지는 자신이 베푼 호의를 무시당했다고 느껴 고양이에게 화가 납니다.

다른 예를 들어볼까요? 자신이 호랑이인 줄 아는 강아지가 있다면 어떨까요? 강아지는 맹수만큼 위협적인 힘과 덩치를 갖고 있지 않습니다. 그런데 그들만큼의 권력을 갖고 싶어 하면 자신에게 만족할 수가 없겠죠. 자신보다 강한 동물한테 덤볐다가 혼쭐이 날 수도 있습니다. 다른 강아지들을 업신여기다가 따돌림을 당할 수도 있고요. 호랑이가 강아지인 줄 아는 경우에도 마찬가지입니다. 호랑이가 생존의 위협에 지쳐 주인 밑에서 안락하게 생활하는 강아지를 부러워해봤자 어느 주인도 그를 거두어주지 않습니다. 호랑이로 태어난 이상 스스로 생존해나가야 합니다. 이처럼 상대와 내가 어떻게 다른지 알아야 비로소 진짜 관계와 소통이 시작될 수 있습니다.

동물들에 비유하지 않더라도 우리 부모들은 수많은 경험에 의해 아이와의 소통에 한계가 있다는 것을 알고 있습니다. 아이뿐만 아니라 남에게 나의 정서를 이해시키는 것은 어려운 일이라는 것을요. 같은 상황도 사람마다 다른 감정과 사고로 받아들이기 때문입니다.

《이솝 이야기》를 보면 사람은 각자가 다르기 때문에 자신을 잊어서는 안 된다는 취지의 이야기가 많이 등장합니다. 그중에서 '당나귀와 개구리' 이야기를 해보겠습니다. 당나귀가 장작을 싣고 늪을 건너던 중 미끄러져 일어날 수 없게 되었습니다. 온몸이 젖어 슬픈 목소리로 울음을 터뜨렸습니다. 그러자 늪 안에서 살고 있던 개구리가 당나귀의 울음소리를 듣고 말합니다.

"당나귀 님, 넘어져서 물에 좀 젖었다고 슬프게 울어대는 나약한 태도로는 살아갈 수 없어요. 나는 오랜 세월 동안 물속에서 생활하고 있다고요."

이 이야기를 듣고 대부분은 개구리가 당나귀의 상황에 공감하지 못하고 너무 자기중심적으로 생각했다고 느낄 것입니다. 하지만 사실 개구리가 공감 능력이 없는 게 아니라 당나귀의 설명이 부족했던 것은 아닐까요? 자신의 감정을 전달하려면 개구리의 관점에서 고통스러운 환경이 무엇인지 떠올려야 합니다. 당나귀가 이렇게 말하면 어땠을까요?

"개구리 님이 물 한 모금 없는 메마른 땅에 떨어지면 어떨까요? 움직이는 게 힘들고 누군가 구해주길 바라겠죠? 제가 지금 그래요."

훨씬 공감이 잘 될 겁니다. 타인이 나를 이해해주지 않는다고 서러워할 필요가 없습니다. 상대와 내가 어떻게 다른지를 분석하고, 나와 비슷한 정서를 느낄 수 있는 상황을 설정해주면 됩니다.

나의 상황을 남이 알아서 이해해주는 것은 정말 어려운 일입니다. 내가 나를 이해하는 만큼 남이 나를 이해해주길 바라지 마세요. 나도 나를 이해하기 어려울 때가 있는데 어떻게 남이 온전히 나를 이해할 수 있겠어요. 타인의 이해와 도움을 바라는 것보다 자신을 스스로 면밀히 관찰하는 것이 성장에 더욱 도움이 됩니다. 내가 성장하고 행복해지려면 나를 관찰해야지, 남을 관찰해서는 안 됩니다. 그들이 행복해지는 방법과 내가 행복해지는 방법은 엄연히 다르니까요.

더 현실적으로 생각해볼까요? 앞선 '당나귀와 개구리' 이야기에서 설사 개구리가 당나귀의 슬픔을 이해한다고 해서 그 작은 체구로 어떤 도움을 줄 수 있나요. 물에 빠진 다리를 일으켜 세워 나와야 하는 것은 당나귀 본인입니다. 지금 물의 세기가 어떤지, 어떻게 움직여야 안전하게 빠져나올 수 있는지 자신과 주변을 관찰하는 게 관건입니다.

삶을 살아감에 있어 시련은 필수입니다. 시련을 버텨야 하는 것은 오롯이 자신임을 기억하세요. 내가 어떤 생물체인지, 어떤 힘을 가졌는지, 어떤 약점을 보완해야 하는지 파악해야 적응하고 생존할 수 있습니다.

이처럼 대화를 하고, 소통하고, 건강한 관계를 맺으려면 서로의 상황과 필요가 뭔지 알아야 합니다. 하지만 이건 성숙한 어른들의 관계에서만 가능한 일입니다. 부모와 자식 관계에서는 한 가지 함정이 있습니다. 바로 아이들 대부분은 자신이 무엇을 원하는지 정확히 모른다는 것입니다. 그래서 자신의 상황은 고사하고 필요한 것도 부모에게 알려줄 수 없습니다. 그들은 부딪치고 깨지며 자신이 원하는 것을 알아가는 '인생을 배워가는 과정'에 놓여있기 때문입니다. 그러니 아이와 관계를 맺고 소통하기 위해서는 어른인 부모가 아이의 말과 행동을 관찰하며 아이가 원하는 것이 무엇인지, 아이의 성향은 어떤지 유추하려고 노력해야 합니다.

가만히 아이에게 집중해 성향을 들여다보고 유추하다 보면 생각보다 꽤 일관된 양상을 보이며, 타고나는 경향이 강하다는 것을 느끼게 될 거예요. 그것이 바로 '기질'입니다. 모든 인간은 저마다 자신의 기질을 가지고 태어납니다. 이 글을 읽는 부모들도 모두 타고난 기질이 있습니다. 그리고 미리 말씀드리지만, 그것은 절대 쉽게 바뀌지 않으니 아이의 기질이 나와 다른 것을 틀렸다고 생각해 바꾸려 들지 말아주세요.

가장 자주 비교되는 기질로 '내향형'과 '외향형'이 있습니다. 내향적인 아이는 결코 외향적인 아이로 바뀔 수 없습니다. 기질은 '일관성'과 '항상성'을 갖고 있기 때문입니다. 교육을 통해 외향적인 아이를 모방할 수는 있어도 이는 자신의 수줍음을 감출 수 있는 가면이 생겨날 뿐 본디 깔린 수줍음이 없어지지는 않습니다. 겉으로는 친한 것처럼 보여도 마음의 문이 열리는 데 여전히 시간이 필요한 사람들

36

입니다.

또한 내향형은 혼자 있을 때 에너지를 회복하고, 외향형은 사람들과 교류하는 과정에서 에너지를 회복합니다. 에너지를 회복하는 과정조차 다른데, 기질을 모르면서 어떤 상황에서 아이의 행동에 대해 '잘했다' '잘못했다'를 함부로 부모가 판단해서는 안 됩니다. 아이와 내가 같은 상황에 대처하는 방법이 다르다고 해서 '쟤는 왜 저럴까?' '쟤는 저게 문제야'라고 생각하지 마세요. 있는 그대로 받아들여야 합니다. 처음 만나는 사람, 혹은 외국인과 대화할 때 다른 것은 당연히 여기고 같은 것을 발견하면 놀라워하고 기뻐하는 것처럼 아이의 다름을 당연하게 받아들이는 태도가 필요합니다. 그리고 이렇게 자그마한 소통의 성공에도 기쁨을 표현하는 부모를 통해 아이의 자존감이 쑥 올라간다는 것을 기억하세요.

아이의 기질을
바꿀 수 있을까?

힘들게 돈을 벌어 부유해지자 누구보다 물심양면으로 아이를 잘 키우고 싶었던 엄마가 있었습니다. 엄마는 자신의 사업이 어느 정도 궤도에 오르자 바깥일을 줄이고 아이 교육에 열중했습니다. 주변 사람들에게 물어물어 비싼 돈을 들여 좋은 선생님을 모셔왔지만, 아이는 권위적인 선생님이 마음에 들지 않았고 이로 인해 엄마와 큰 갈등을 빚었습니다. 여러 상담사를 전전하며 가족 상담을 받아봤으나 아이와의 갈등은 나아질 기미가 보이지 않았고 결국 지인의 소개로 저를 찾아오게 되었습니다. 저는 아이와의 대화를 통해 그 전 상담이 훈육 형태로 진행되었고 이에 아이가 크게 반항했다는 것을 알게 되었습니다. 아이와 이야기하다 보니 아이는 오히려 가난해도 엄마가 일하느라 바쁘던 예전이 더 행복했다는 것을 알았습니다. 엄마의 간섭이 없는 자유 시간이 많았기에 동네 골목대장 역할을 했고, 자신감이 넘쳤으며 성적도 좋았다고 했습니다. 그러나 엄마가 가정에 충실하면서 자신에게 간섭하는 시간이 많아졌고, 강남으로 이사를 온 후 타율적이고 획일화된 사교육을 받으며 반항심과 공격성이 강해졌습니다. 아이는 자기 뜻대로 살아갈 수 없는 환경에서 무기력해졌고 우울감에 빠졌습니다.

저는 상담 후 아이가 자율적이고 주도적이며 이성보다는 감정이 발달한 아이라는 것을 부모에게 알려주었습니다. 이는 바꿀 수 없는 기질이며 아이의 타고난 기질은 존중해 주는 것이 최선이라고 엄마를 설득했습니다. 하나씩 회복해가자고.

당시 아이는 등교를 거부하는 상황이었기에 학교의 최소 출석 일수 맞추기를 첫 번째 목표로 삼았습니다. 갑자기 매일 학교에 가는 건 무리일 수 있으니 출석 횟수를 조금씩 늘려갔습니다. 이번 주에는 하루, 다음 주에는 이틀 출석하는 식으로 목표를 조금씩 미루고, 아이가 원하는 보상을 주었습니다. 학교에서 돌아오면 아이가 친구를 만나러 가든 게임을 하든 부모가 간섭하지 못하게 했습니다. 그리고 상담사로서 아이 감정에 충분히 공감해 주었습니다.

"너는 부족한 아이가 아니란다. 스스로 좋아하는 것을 찾아내고 열중할 때 다른 사람보다 훨씬 더 큰 집중력을 발휘하는 사람이야. 아직 너 자신을 몰랐던 것뿐이야. 과거의 높은 성적을 추억하지 마. 지금의 낮은 성적에 우울해하지도 마. 현재에 집중하자. 올라갈 일만 남은 거야."

1년간의 상담을 거치며 아이는 점차 안정을 찾아갔고 부모와의 관계도 차근차근 회복해나갔습니다.

아이를 자기 방식대로 가르치려 했던 부모가 잘못한 걸까요?
부모의 진심도 모르고 반항하는 아이가 잘못한 걸까요?
누구의 잘못도 아닙니다. 두 사람 모두 나름의 최선을 다했습니다. 하지만 부모로서 내가 하는 최선이 아이에게 최선이 아니라는 것을 몰랐던 것뿐입니다. 일을 줄이고 아이와 함께하는 시간을 늘린다고 해서, 아이에게 질 좋은 교육을 시킨다고 해서 아이가 행복한 게 아닙니다. 아이를 관찰하지 않고 내가 자의적으로 결정한 최선은 거짓입니다. 아이에게 무엇을 해주기에 앞서 아이의 기질을 파악하는 것이 최우선시 되어야 합니다. 더 나아가 아이 기질을 인정하고 이를 바꾸려 하지 않을 때, 아이와 건강한 소통이 가능해지고 진정한 관계를 맺을 수 있습니다.

부모와 아이의 갈등의 시작은 언제나 현재를 문제로 인식해 바꾸려 들고 '내가 용인하는 범위 내에' 아이를 끼워 맞추려고 할 때 시작됩니다.

기질은 일관성, 항상성과 함께 '양면성'도 가지고 있습니다. 예를 들어 예민한 성향은 관점을 달리하면 섬세함과 자상함으로 표현됩니다. 감정적인 아이는 자기중심적으로 보일 수 있지만 다른 사람의 입장에 대해 인지시키고 이해시키면 공감 능력이 탁월한 아이로 성장할 수 있습니다. 그러나 만약 기질이 능력으로 인정받지 못하면 문제로 보이기 시작합니다. 침착함이 소심함으로 변질되거나, 활동적인 모습이 산만한 태도로 보일 수 있습니다. 갈등은 대부분 여기서 시작됩니다.

"문제 안에 가려진 아이의 기질을 찾아 주세요. 기질이 곧 능력입니다."

아이의 기질을 부모가 문제라고 인지하면 아이는 위축되고, 이는 성장기에 영향을 줘 사회생활하는 데 어려움으로 이어집니다. 그러니 부모와 아이가 각각 어떤 기질이고, 어떻게 상호 작용하는지 파악하는 것이 아이 인생에 매우 중요하다고 볼 수 있습니다. 이를 통해 서로 존중하고 지지하는 관계로 발전해나가는 것도 매우 중요합니다.

실제로 가족 상담을 의뢰하는 부모 중 자식의 기질을 제대로 몰라서, 또는 아이의 기질을 문제로 파악해 이를 고치려고 하다가 불화가 생긴 경우가 종종 있습니다. '고친다' '바꾼다'라는 것에는 벌써 원래의 것이 문제라는 인식이 있는 겁니다. 아이의 성향을 부모가 있는 그대로 인정하고 존중해 주면, 아이의 입장에서는 '나는 나 자체로도 충분히 괜찮은 사람'이라는 뜻으로 다가와 자기존중감이 높아집니다. 그래서 적어도 가족이나 부모 자녀 관계에서는 이것을 꼭 지킬 필요가 있습니다. 아이가 살아감에 있어 마주하는 모든 사람들이 아이를 포용할 수 없기에, 적어도 우리 부모만큼은 우리 아이를 품어주어야합니다. 아이에게 부모는 무엇보다도 세상에서 가장 안전한 사람이어야 합니다. 그래야만 아이가 흔들리지 않고 행복하게 자랄 수 있으며 결국 부모에게도 기쁨과 행복이 찾아오니까요.

나다움을 잃은 아이는
어떻게 될까?

제 딸은 자극추구 기질이 강한 아이입니다. 새로운 자극에 호기심을 느끼고 다양한 경험을 추구하면서 삶의 동력을 얻습니다. 아이가 어릴 때는 저도 기질에 대한 이해가 없었던 터라, 뭐든지 만지고 입에 넣어보려고 하는 모습이 부주의하게만 보였습니다. 그래서 아이에게 조심성이 없다고 야단을 쳤습니다. 아이가 새로운 것을 시도하는 것만 좋아하고 하나를 끈기 있게 하지 않아 지속성이 부족하다고 나무랐습니다.

앞서 말씀드린 것처럼 기질은 양면성이 있습니다. 어떻게 바라보느냐에 따라 강점이 되기도 하고 약점이 되기도 하는데 그때 저는 아이의 약점에만 집중했었던 것 같습니다. '끈기 없고 조심성 없는 아이'로 스스로를 내면화한 딸은 위축이 심해지고 불안이 커졌습니다. 뭔가에 도전하기를 겁내게 되었습니다.

'나가서 놀고 싶은데 다쳐서 엄마한테 혼나면 어떡하지?'
'드럼 배우고 싶은데…… 배우다 그만두면 시간만 낭비하는 것 아닌가? 나중에 이도 저도 아니게 되면 어떡하지?'

걱정과 두려움은 딸을 무기력하게 만들었습니다. 약점도 예쁘게 보아야 할 엄마가 아이를 벼랑 끝으로 내몰았던 것만 같아 지금도 마음이 저며 옵니다.

있는 그대로의 자신을 부정당한 아이는 좌절감과 수치심을 느낍니다. '나'라는 존재가 부정당하는 경험을 했으니 자신이 부족한 존재로 느껴지고 아무도 신경 쓰지 않는데도 항시 부끄럽습니다. '부끄럽다'는 감정은 참으로 마주하기 힘든 감정입니다. 누구나 부끄러움을 느끼면 도망치고 싶어 하죠. 아이는 더욱 심합니다. 자신의 본성, 타고난 기질 때문에 양육자에게 혼나고 비판당하고, 버림을 받았다고 느끼면 아이는 수치심을 갖게 되고, 점점 타인과의 접촉을 두려워합니다. 스스로 위축되고 불안감만 커지는 거지요.

여기서 한 가지 중요하게 짚고 넘어갈 부분이 있습니다. 우리 부모들이 흔히 하는 실수인데요, 아이를 혼낸 후 칭찬과 보상을 하는 것입니다. 무섭게 혼낸 후 칭찬으로 아이에게 저지른 실수를 만회할 수 있다고 생각하지 마세요. 아이에게 벌과 칭찬 둘 다를 주었다면 그 아이의 정체성이 어디에 머무를지는 실질적으로 동전 던지기를 하는 것과 같습니다. 칭찬을 기억할지, 벌을 기억할지는 아이의 선택입니다. 똑같이 혼을 내도 한 아이는 칭찬 덕분에 나쁜 처벌의 기억을 잊어버릴 수 있지만, 다른 아이는 처벌 받은 기억만 곱씹으며 위축됩니다. 애초에 수치심을 주지 않는 것이 최선이에요.

만약 초기 양육자(부모 또는 조부모)와의 관계에서 수치심이 반복되면 이것이 정체성으로 자리 잡아 일생에 걸쳐 성격적 특성으로 지속됩니다. 정신분석학, 성격심리학에서 다루는 대상관계이론*에서 '아이는 부모와 상호작용하면서 점차 부모의 상을 내면화시켜 내적 대상을 갖게 되고 그것을 바탕으로 자신을 상을 형성한다'고 설명하는 것처럼 말이죠.

알고 계실지 모르겠지만, 아이는 항시 부모의 행동을 살피고 눈치를 봅니다. 아이에게 부모는 세상에서 가장 잘 보이고 싶고 인정받고

----

* 대상관계라는 개념은 프로이트의 욕동이론으로부터 유래한다. 부모와의 초기 상호 작용의 산물이 내면화되고 이것이 이후 삶의 관계에 영향을 미친다고 본다.

싫은 상대니까요. 그래서 부모의 기대에 미치지 못한다는 걸 알면 세상이 무너지는 기분이 들 겁니다.

"친구와 문제가 있으면 말을 하고 풀어야지, 언제까지 좀생이처럼 방에 틀어박혀 있을래?"
"동생은 안 그런데 너는 왜 매일 입을 꾹 다물고 있니?"
"삐졌니? 또 삐졌어? 만날 삐지네?"
"너 자꾸 그러면 엄마 혼자 간다."

혹시 '질투심' 혹은 '모멸감'이 아이의 성장 동력으로 사용될 거라 기대하셨나요? 대부분 부모들이 그렇게 생각합니다. 하지만 모두 아이에게 수치심을 주는 말입니다. 더 이상 잘해주지 않을 것처럼 경고하거나 비아냥거리는 말투로 아이를 훈육하기도 합니다. 또 흔히 아이를 훈육할 때 아빠는 자신의 권위를 내세우고 엄마는 공개적으로 수치심을 줍니다. 부모의 이러한 언행은 아이로 하여금 타인의 평가에 민감하게 하고 부정적 평가에 대한 두려움을 갖게 할 수 있으니 조심해야 합니다. 만약 우리 아이가 이미 수치심을 내면화하고 당신의 눈치를 보고 있다면 신체적 징후로 먼저 나타날 겁니다.

아이가 손가락을 꺾어 소리를 내는 버릇이 있나요? 머리카락을 쥐어뜯나요? 자꾸 자기 몸을 깨물거나 낙서를 하나요? 부디 아이의

SOS를 지나치지 마세요. 모른 체 하지 마세요. 그 행동을 잘못된 버릇 따위로 여기고 그만두라고, 고치라고 혼내지 마세요. 아이 행동의 잘잘못을 가리기 전에 아이가 어떤 이유로 그런 행동을 하는지 마음을 헤아려 주세요. 특별한 병명 없이 아이가 하루가 멀다 하고 배가 아프다고 하면, 매일 피곤함을 호소한다면 마음이 아프다고, 도와달라고 하는 겁니다. 아이는 자신이 어디까지 버텨낼 수 있는지 모릅니다. 이정도쯤은 아무것도 아니라고 생각하며 착한 아이가 되기 위해 부정적 감정을 억압합니다.

아이가 기어 다닐 때를 떠올려보세요. 이때 부모는 아이를 관찰합니다. 배고프다고 말하지 않아도 아이의 표정을, 손짓을 관찰하고 모유 또는 분유를 줍니다. 아이가 불편한 기색을 보이면서 몸을 뒤척이면 기저귀를 갈아줍니다. 하지만 신체 언어를 알아들으려는 부모의 세심한 노력은 아이가 말을 익히면서부터 점점 사라집니다. 이때부터 부모는 아이가 자신의 의사를 모두 말로 표현할 수 있으리라 착각합니다.

하지만 사실은 비언어적 태도가 의사소통을 좌지우지합니다. 미국의 캘리포니아대학 사회학자 알버트 메러비안Albert Mehrabian 교수가 조사한 바에 의하면, 의사소통에서 언어적 메시지가 차지하는 비중은 겨우 7%라고 합니다. 그 외에 목소리인 음조, 억양, 크기 등이

38%, 비언어적인 태도가 차지하는 비율은 55%에 달합니다. 이러한 연구 결과는 인간의 몸짓 언어에 대한 과학적 연구를 집대성하여 '동작학(kinesics)'이라는 새로운 학문 분야를 창시한 템플대학의 레이 버드휘스텔Ray Birdwhistell 교수의 보고서에 의해서도 지지되고 있습니다. 또한 버드휘스텔 연구에 의하면 의사소통 시 동작 언어가 전달하는 정보의 양이 65~70%에 해당되고 음성 언어는 불과 30~35%의 정보만을 전달한다고 합니다. 정도의 차이는 있지만 실제 의사소통에서 비언어적인 의사소통이 차지하는 비중은 언어적 의사소통에 비해 훨씬 더 크다는 것을 알 수 있습니다.

실제로 아이들이 언어를 습득해나가는 과정을 관찰해 보면 음성 언어보다 몸짓 언어를 먼저 사용합니다. 그래서 신체적 신호를 무시하고서는 아이의 마음을 제대로 읽을 수 없습니다. 아이가 당신의 말에 고개를 끄덕이고 학교를 제때 다니고 숙제를 해낸다고 해서 문제가 없다고 생각하지 마세요. 아이의 SOS 신호를 읽어야 합니다. 명심하세요. 아이는 자신을 대하는 부모의 태도에 따라 자기를 긍정적 또는 부정적으로 표상하게 됩니다. 부모와의 관계에서 지속적으로 자기를 부정적으로 표상한 아이는 인생의 장애물을 똑바로 마주할 힘을 기를 수 없습니다.

수치심은 고정된 감정이 아닙니다. 뿌리를 내리고 자라나는 잡초와 같습니다. 수치심이 내면화되면 일반적인 상황에서도 부정적 자기평가를 하고 만성적으로 부적절감, 무가치감, 무능력감, 열등감을 느끼게 됩니다. 가벼운 충고도 마음을 짓누르는 철퇴가 됩니다. 선생님의 조언과 지적이 자신의 존재 자체를 부정하는 언어로 들리게 됩니다. 실제보다 확대되어 보이는 문제 앞에 무력감을 느끼고 해결 불가능하다고 여기게 됩니다. 자신이 무언가를 해낸다는 걸 믿기 어려워하고 스스로를 의심하며 실수와 잘못에만 집중하게 됩니다. 누가 뭐라고 하지 않아도 항상 스스로가 부끄러운 것, 그것이 수치심이 내면화된 아이입니다.

수치심이 내면화된 아이는 자기 마음의 창을 들여다보는 걸 두려워합니다. 남들보다 부족하고 위축된 자신을 마주하는 일은 괴로우니까요. 그래서 어떤 대상에 의존합니다. 온종일 휴대전화를 붙들고 있기도 하고 매일 친구랑 노는 데 시간을 보낼 수도 있습니다. 중독은 영어로 'dependence'입니다. '의존'이라는 단어와 함께 쓰이지요. 아이가 의존적인 존재가 아닌, 독립된 존재로 살아가려면 자신의 욕구를 마주해야 하고, 이를 실현해나가려면 자아존중감과 건강한 애착이 필수입니다. 아이가 자신을 깎아 먹지 않도록 부모는 아이의 기질을 존중해야 할 책임이 있습니다. 아이를 관찰하고 연구하세요. 아이의 표정을, 시선을, 몸짓을 들여다봐 주세요. 아이가 아무 말도 하지 않는다고 해서 소통하지 않고 있는 게 아닙니다. 조용한 아이는 보다 비언어적 소통을 활발히 하고 있는 아이일 수 있습니다.

다음 챕터부터는 아이에 대해 조금만 관찰하면 알 수 있는 특징을 바탕으로 아이의 기질을 10가지로 나눈 후, 기질별로 부모가 보여야 할 행동에 대해 설명했습니다(아직 아이의 기질을 잘 모르겠다면 52쪽 기질 테스트를 통해 체크해보세요).

"우리 애는 너무 자기밖에 몰라요, 배려심이 없어요."
"우리 애는 외향적이라서 허구한 날 밖에 나가 있어요."
"애가 시키는 것만 해요."
"애가 너무 감정적이라서 기분 변화를 따라갈 수가 없어요."
"조심성 없이 애가 아무거나 만지고 입에 넣어서 죽겠어요."

모두 익숙한 문장이고 한 번쯤은 해봤을 고민일 겁니다. 부모는 아이의 행동에서 부정적인 측면을 발견하고 그런 행동을 바르게 교육하려 하지만, 관점을 달리하면 아이들의 행동 속에 숨은 능력을 발견할 수 있게 됩니다. 저도 예전에는 아이의 기질을 문제로 여겨 고쳐보려고 다양한 교육을 했습니다. 그러다가 아이와 관계가 크게 틀어졌던 적이 있었습니다.

자신의 실수를 사람들한테 낱낱이 공개하는 것만큼 부끄러운 게 없습니다. 그럼에도 불구하고 용기를 낸 이유는 계속해서 저와 같은 문제 때문에 상담을 하러 오는 가족들을 마주쳤기 때문입니다. 이 책을 읽는 분들 만큼은 부디 그런 고통의 시간을 마주하지 않기를 바라는 간절한 마음으로, 과거의 나를 만난다면 해주고 싶은 이야기들을 담았습니다. 육아를 하며 겪은 시행착오, 20여 년간의 가족 상담 경험으로 접한 다양한 사례들을 적었습니다. 읽다 보면 부모와 자신 둘다 어떤 기질을 갖고 어떻게 다르게 세상을 받아들이는지 마주하게 됩니다. 중요한 부분은 같은 것에 집중할 때보다 다른 것을 발견할 때 아이와의 소통이 더욱 원활해진다는 점입니다. 똑같은 상황에서 확연히 다르게 대처하는 인간의 특성, 기질을 파악함으로써 아이와 자신의 차이를 인정하고 건강한 관계를 구축해나가기 바랍니다.

우리 아이는 어떤 기질일까?

앞으로 계속해서 다룰 '기질'은 설명하는 사람마다 표현하는 방식과 구분하는 기준이 다양합니다. 심리학적으로나 통계학적으로, 여러 방법으로 구분할 수 있지만, 저는 다년간의 가족 상담을 통해 부모님들이 고민했던 공통적인 지점들을 토대로 총 10가지 기질로 나누어 소개하려고 합니다.

10가지 기질은 상반되는 두 가지 기질로 묶어 좀 더 쉽게, 우리 아이의 성향을 더 잘 이해할 수 있게 했습니다. 이 10가지 기질만 알아도 아이와 소통하는 게 훨씬 즐겁고 수월해질 거예요.

기질을 체크하기 전에 한 가지 당부하고 싶은 건, 그동안의 기억을 떠올려 아이의 기질을 미루어 짐작하기보다, 한동안 아이를 잘 관찰하면서 체크해보기를 권합니다.

문항은 A Type과 B Type 두 가지로 나뉘어 있습니다. 아이를 잘 관찰하면서 A, B 선택지 중 아이와 더 가깝다고 여겨지는 선택지에 체크하세요. 모든 문항에 체크한 후 A Type과 B Type 중 체크 표시가 더 많이 있는 Type이 아이 기질일 가능성이 큽니다.

내향형일까? 외향형일까?

문항	A Type	B Type	
1	친구와 놀고 집에 오면 쉬고 싶어 한다.	친구와 놀고 집에 오면 에너지가 더 넘친다.	
2	자기 공간을 갖고 싶어 한다(자기 방 문을 계속해서 닫는다).	사람들의 시선을 끄는 행동을 한다.	
3	친하지 않은 사람을 만나면 말하기보다는 주로 듣는다.	처음 만난 사람한테도 자기 얘기를 스스럼없이 계속한다.	
4	단순한 질문에도 생각할 시간을 필요로 한다.	외부 자극에 빠르게 대응한다.	
5	관계에 있어, 많은 사람과 소통하는 것보다 수는 적더라도 깊게 사귀고자 한다. (깊게 〉 넓게)	관계에 있어, 많은 사람과 소통하는 것을 선호한다. (깊게 〈 넓게)	
6	글로 표현을 잘한다.	자신의 생각과 감정을 몸짓과 말로 자유롭게 표현한다.	
7	생각 후 행동한다.	행동 후 생각한다.	
8	열정을 마음속에 간직한다.	열정적으로 의사소통한다.	
9	상대가 먼저 물어보면 그제서야 감정이나 정보를 전달한다.	상대가 물어보지 않아도 먼저 나서서 감정이나 정보를 전달한다.	
10	새로운 사람과 친해지기보다 이미 알고 있는 사람과 대화하는 편이다.	관심이 가는 사람에게 다가가서 대화를 시작하기가 어렵지 않다.	
11	다른 사람의 주의를 끌지 않으려고 하는 편이다.	사람들이 모이고 함께하는 장소를 좋아한다.	
12	혼자서 책을 읽거나 게임을 하면서 시간을 보내는데 어려움을 느끼지 않는다.	혼자만의 시간을 보내기보다는 친구들과 함께 어울리며 스트레스를 푼다.	
	내향형	**외향형**	

배려형일까? 자기형일까?

문항	A Type		B Type	
1	우유부단해 보인다.		비교적 호불호가 명확하다.	
2	다른 사람을 관찰하고 다른 사람의 감정에 공감할 줄 안다.		다른 사람보다 '내 일' '내 것'에 몰입한다.	
3	상대에게 상처 주는 말을 하지 않으려 애쓰다 보니 설명이 길어진다.		말투가 무뚝뚝하고 직선적이다.	
4	듣는 사람의 기분을 고려하며 말해야 한다고 생각한다.		핵심을 잘 전달하는 게 중요하다고 생각한다.	
5	주위 환경이 평화로워야 자기 일에 집중할 수 있다.		주위 환경과 상관없이 자기 것에 몰두하는 힘이 있다.	
6	어떻게 하면 '내 주변 사람'이 행복할까 생각하는 것 같다.		어떻게 하면 '내가' 행복할지에 대해 생각하는 것 같다.	
7	주변 사람들이 자신을 어떻게 생각할까 신경 쓴다.		다른 사람의 기분에 비교적 둔하다.	
8	'오지랖이 넓다'는 소리를 듣는 편이다.		'자기밖에 모른다'거나 이기적이라는 말을 듣는 편이다.	
9	좋아하는 사람과 함께 어울리는 것을 즐긴다.		흥미 있는 놀이나 대상에 집중한다.	
10	자신보다는 남의 일을 도울 때 더 에너지가 많이 나온다.		자신과 관련 없는 일에는 의욕을 이어나가기 어렵다.	
11	상대방이 잘못했다고 생각해도 자신의 감정을 표하기 어려워한다.		상대방이 잘못된 행동을 했을 때 실망이나 분노를 감추기 힘들다.	
12	상대방의 감정을 바로 알아차릴 수 있다.		상대의 감정에 무신경한 경향이 있다.	
13	다른 사람들이 자신을 어떻게 생각할지 걱정한다.		다른 사람에게 자신이 어떤 사람으로 보일지 예민하지 않은 편이다.	
	배려형		**자기형**	

자극추구형일까? 위험회피형일까?

문항	A Type		B Type	
1	흥미로운 것을 발견하면 앞만 보고 직진한다.		넘어지거나 다칠까 조심한다.	
2	예측 불가능한 변화를 즐기고 즉흥적이며, 충동적인 면이 있다.		정해진 규칙이 지켜지기 바라며, 어떤 일이 갑자기 변경되는 것을 싫어한다.	
3	새로운 장소에 가기 전에 안전에 대한 두려움보다 설렘이 더 크다.		새로운 장소에 가기 전에 걱정하고 준비하는 데 에너지를 쓴다.	
4	참고 기다리는 것을 어려워한다.		다른 사람과의 접촉이나 몸으로 노는 놀이를 불편해하는 편이다.	
5	가만히 있는 것을 지루해한다.		인내심과 끈기가 강하다.	
6	안전에 무감각한 편이다.		안전에 대한 불안감이 있다.	
7	일이 잘됐을 때의 기쁨을 먼저 생각한다.		일을 시도하기 전에 부정적인 결과를 먼저 생각한다.	
8	같은 목적지를 가더라도 다른 길이나 다른 교통수단으로 이동하고 싶어 한다.		익숙한 길, 사람, 장소를 좋아한다.	
9	뭐든 만지려 한다.		미각과 후각이 예민하다.	
10	돌격대장형이다.		돌다리도 여러번 두드리고 건너는 편이다.	
11	주변의 염려나 걱정을 신경쓰지 않고 새로운 자극을 추구하는데 몰두한다.		상대방이 자신을 높게 평가하면 나중에 상대방이 실망하게 도전을 회피하는 경향이 있다	
12	조심성 없는 행동으로 보여 질수 있어 주변에서 걱정을 많이 한다.		안전 하다고 주변에서 여러번 말해주어야 새로운 시작을 할 수 있다.	
	자극추구형		**위험회피형**	

감정형일까? 이성형일까?

문항	A Type		B Type	
1	주관적인 감정이나 상황에 따라 판단한다.		비교적 공정하고 객관적이다.	
2	때때로 전혀 예상하지 못한 말을 하는 경우가 있다.		생각하는 것을 표현하고 주제에 대해 논리적으로 말하는 편이다.	
3	감정에 흔들리는 편이라 줏대가 없어 보일 때가 있다.		원칙, 규칙을 중시하다 보니 냉담해 보일 때가 있다.	
4	정이 많아 보인다.		냉정해 보인다.	
5	과정 중심(가는 길이 어려우면 방향을 트는 것도 가능)		성과 중심(목표가 확실해지면 일직선으로 간다)	
6	누군가에게 지지받지 않으면 의욕을 잃는다.		어떤 일이 있을 때 목적이 확실하지 않으면 의욕을 잃어버린다.	
7	감정이 컨디션을 지배한다 (스트레스를 받으면 배가 아프거나, 두통이 있다).		이성이 컨디션을 지배한다(몸이 아파도 눈앞에 놓인 과제는 해낸다).	
8	끈기가 없고 마무리를 못한다는 말을 종종 듣는다.		'고지식하다' '융통성이 없다'는 말을 종종 듣는다.	
9	아이의 목소리나 표정을 통해 감정 유추가 가능하다.		겉으로 봐서는 아이의 생각이나 감정을 유추하기가 어렵다.	
10	상황에 따른 즉흥적 판단을 내리는 것으로 보여 진다. 임기응변 능력이 뛰어나다.		일이 잘못될 때를 대비해 여러 대비책을 세우는 편이다.	
11	감정 전환의 스피드가 빠르다.		감정보다는 논리적인 판단을 따르는 편이다.	
12	감정을 통제하기보다 자신을 감정을 있는 그대로 인정해 주기 바란다.		구체적인 논리와 설명에 입각한 대화를 선호하는 편이다.	
	감정형		**이성형**	

타율형일까? 자율형일까?

문항	A Type	B Type	
1	세상을 신뢰한다.	본인을 신뢰한다.	
2	믿고 따를 대상을 갈구한다.	하고 싶다가도 남이 시키면 안 하고 싶어 한다.	
3	원하는 게 무엇인지 정확히 모른다.	원하는 것이 분명하다.	
4	'어른들(부모) 말을 참 잘 듣는다'는 말을 듣는다.	앞에서는 알았다고 해도 뒤돌아서는 자기 마음대로 한다.	
5	다른 사람의 권유에 대부분 긍정적으로 답한다.	다른 사람의 권유에 쉽사리 응하지 않고 생각할 시간을 필요로 한다.	
6	문제가 생겼을 때 남 탓을 한다.	내가 잘못했다고 자책한다.	
7	규율과 규칙을 지킬 때 안심한다.	규율과 규칙 지키기를 어렵거나 답답해한다.	
8	보호받고 싶어 하고 안전을 추구한다.	언제나 자유롭고 싶어 한다.	
9	통제와 목표가 있는 수직적 환경을 더 편안해한다.	자유롭게 의견 교환이 가능한 수평적 환경에서 신이 난다.	
10	먼저 연락하기보다 친구가 연락하면 나가는 편이다.	친구에게 먼저 만나자고 연락하는 경우가 종종 있다.	
11	뭐든 알아서 해야 하는 환경에서 스트레스를 받는다.	하고 싶지 않은 일을 하는데서 무척이나 어려움과 스트레스를 받는다.	
12	해야 할 일을 정해진 시간에 따라 마무리할 때 안정감을 느낀다.	자신이 결정한 시간으로 스케줄을 정하고 해나갈 때 에너지가 나온다.	
	타율형	**자율형**	

Chapter. 2

기질 맞춤 육아 ①

내향형과 외향형
기질을 이해합니다

"내 애지만 무슨 생각을 하는지 알 수가 없어. 말을 안해" 내향형 아이를 둔 부모들이 자주 하는 말입니다. 자기 자신에게 질문하는 내향형 아이들은 남들이 보면 답답해 보일 수 있습니다. '깊숙이 자기 안으로 파고드는 힘'이 내향형 아이들의 특성입니다. 반면 질문할 필요가 없는 아이도 있습니다. 얼굴 표정에, 하는 말에 생각과 감정이 드러나는 외향형 아이들입니다. 이들은 언제 어디서나 어떤 식으로든 자신을 표현합니다. 외향형 아이들은 자주 엄마를 붙들고 놀거나 대화하고 싶어 합니다. 그래서 외향형 아이들을 키우는 엄마들은 에너지가 많이 필요합니다. 아이가 계속해서 관심을 요구하니까요. 내향형과 외향형 기질, 이들에게는 어떤 맞춤 육아가 필요할까요?

혼자여도 괜찮은 너와
함께일 때만 안심이 되는 나

'대체 무슨 생각을 하고 있는 걸까?'

남편을 볼 때마다 의문이었습니다. 왜 저 사람은 나와 함께하려 하지 않을까, 왜 말을 안 할까, 왜 혼자인데도 외로워 보이지 않고 편안해 보일까, 왜 결혼했는데도 함께하려고 하지 않을까…….

끝없는 의문이 들었지만, 어느 것 하나 쉬이 해결되지 않았습니다.

남편은 혼자가 익숙한 사람처럼 보였습니다. 영화를 보거나 책을 읽으며 혼자서 시간 보내는 것을 좋아했습니다. 그런 남편 때문에 저는 늘 외로웠어요. 남편과 같은 공간에 있어도 저는 함께라고 생각할 수 없었지요. 그러다 딸이 태어났습니다. 딸은 항상 내 옆에서 나만 바라봤고 그런 딸이 있어 외롭지 않았습니다.

딸은 두 발로 서게 되자 여기저기 돌아다니기를 좋아했습니다. 품에 오래 안겨 있기를 거부하고 자꾸 벗어났습니다. 걷기 시작하면서부터는 혼자 놀고 싶어 했습니다. 다른 아이들처럼 친구가 없어 심심하다는 말을 하지도, 자신의 의사를 적극적으로 표현하지도 않았습니다. 한글을 떼고 나서도 말이 없었고, 유치원에서도 혼자 종이접기를 하거나 블럭을 쌓으며 시간을 보냈습니다. 아이들이 다가와도 크게 반응하지 않았습니다. 두려웠습니다.

남편을 향했던 물음은 딸에게도 이어졌습니다.

'왜 우리 애는 질문을 안 할까?'
'왜 우리 애는 자꾸 혼자 있으려고 할까?'

딸은 외로움을 모르는 아이 같았습니다. 혼자를 즐기는 모습이 남편과 겹쳐졌습니다. 왜 저럴까? 딸이 저와 다르게 느껴졌습니다. 같은 공간에 있어도 멀게 느껴지는 존재가 있다는 걸 결혼과 육아를 통해 알았습니다.

손이 닿아야, 대화를 해야 함께라고 믿었던 지난날의 이야기입니다. 결혼 전에는 몰랐습니다. 저는 연결되어 있음을 눈으로 확인하고 싶어 하는 사람입니다. 누군가와 함께 어울려야, 같이 일을 추진해야 활기를 얻고 이 과정이 삶에 활력이 되는 전형적인 '외향형'입니다.

그러나 딸과 남편은 누군가와 함께할 때 즐거운 것과는 별개로, 에너지가 소모되는 기질이었습니다. 그들은 오롯이 혼자 있을 때 편안함을 느꼈습니다. '내향형' 이것이 남편과 딸을 표현하는 단어였습니다.

딸과 남편이 저를 사랑하지 않는 것이 아닙니다. 그들은 저를 필요로 하고 사랑합니다. 다만, 사랑과는 별개로 혼자만의 시간을 필요로 하는 기질입니다. 남편은 언어보다 행동으로 사랑을 보여주는 사람이었습니다. 말은 많이 하지 않아도 주말에는 항상 가족들과 시간을 보냈습니다. 일찍 일어나 가족들의 아침을 차려주고 평일에 퇴근하면서 항상 제가 좋아하는 과일을 사가지고 집에 들어왔습니다. 남편은 언어보다 행동으로 마음을 표현하는 사람이었습니다.

남편의 기질을 이해하게 되자 함께해야 한다는 집착해서 벗어나게 되었고 서로의 다른 면을 편안히 받아들일 수 있게 되었습니다. 대화에 대한 집착이 사라지자 그와 함께하는 시간이 외롭게 느껴지지 않았습니다. 그리고 그동안 보지 못했지만 그가 항상 주고 있던 안정감과 편안함을 느끼고 더욱 사랑하게 되었습니다.

에너지의 방향이 다른
내향형과 외향형

기질 육아의 시작은 아이가 내향형인가 외향형인가를 알아보는 것입니다. 인간은 외향적, 내향적 성향을 둘 다 가지고 있습니다. 두 가지 중 어느 성향을 더 많이 갖느냐의 차이로 아이의 기질을 판단합니다.

내향형은 에너지의 방향이 내부로 향하므로 항시 '마음의 소리'를 중요시합니다. 외부의 소리에 귀 기울이기보다 자신이 무엇을 원하는지에 집중합니다. 부모가 아무리 공부가 중요하다 말해도 자신의 욕구가 거기에 있지 않다면 귀에 들어오지 않습니다.

반대로 **외향형**은 '외적 세계'에 관심을 보이고, 관계를 맺고 의존합니다. 행동 지향적이며 일반적으로 외부 세계를 호의적으로 지각합니다. 그들은 감정 표출이 자유롭고 활발하며 무엇에 구애받지 않습니다. 적극적이고 지도력이 있으며 결단이 빠르지만, 사려 깊지 못한 편입니다.

또한 **내향형** 아이는 혼자일 때 안심하지만 **외향형**은 집단 속에 있을 때 안심을 느낍니다. 외향형 아이는 자신과 타인 및 사물과의 상호작용에 관심을 가집니다. 사회로부터 고립되는 것을 두려워하지요.

이렇게 거의 반대되는 성향 때문에 내향형과 외향형이 서로를 이해하기란 힘든 일이긴 합니다. 그렇지만 우리는 종종 이해하려는 노력보다 '이해할 수 없다'는 말이 먼저 나오는데, 이는 자신을 정상의 기준에 두고 상대를 바라보기 때문입니다.

제 딸은 남편과 같은 내향적 기질이 강한 아이입니다. 혼자 있는 시간을 즐기고 타인이 자신을 어떻게 바라보는지 중요하게 생각하지 않습니다. 외향형인 저는 처음에는 딸을 이해하기가 어려웠습니다. 외향형은 대화와 소통을 중요하게 여기기 때문에 내향형 딸이 세상으로부터 고립될까 두려웠습니다. 이에 적극적인 훈육을 통해 딸의 사회성을 키우려 했습니다.

저와 딸의 옷 입는 스타일만 봐도 두 기질의 차이를 확연히 알 수 있습니다. 외향형인 저는 상황과 장소에 맞는 옷을 입어서 어릴 때부터 옷을 잘 입는다는 말을 자주 들었습니다. 격식을 갖추어야 하는 분위기에서는 정장 차림을, 편안한 분위기에서는 캐주얼하게 입었습니다. 제가 그랬던 것처럼 딸도 예쁘게 입히고 싶었습니다. 자기만족도 있고 사람들한테 칭찬받는 것도 좋고, 그러면 아이도 좋아하리라 생각했습니다. 그러나 딸은 예쁘게 보이는 것에 관심이 없었습니다. 상대방이 자신의 옷차림을 어떻게 바라볼까 신경 쓰지 않았습니다. 교복이 불편하다고 체육복을 입고 학교에 가고, 바쁠 때는 일주일 내내 같은 옷을 입기도 했습니다.

"네가 그렇게 입고 다니면 사람들이 어떻게 생각하겠니?"

딸의 사회성이 걱정되어 한 말에 딸은 항상 이렇게 답했습니다.

"사람들은 내가 뭘 입고 다니든 관심 없어요."

저는 딸이 자기중심적이고 눈치가 없다 생각했고, 딸은 저를 자의식 과잉이라고 여겼습니다. 딸은 자신이 사람들에게 관심이 없으니 남들도 자신이 무슨 옷을 입든 신경 쓰지 않을 거라 생각했습니다.

내향형 아이는 이처럼 타인을 신경 쓰지 않습니다. 자기 자신, 혹은 자신과 관계 맺고 있는 소수의 사람에게만 관심을 쏟습니다. 좋아하는 사람이 생기거나 잘 보이고 싶은 사람이 있다면 예쁘게 보이게 위해 옷차림에 신경을 쓸 수도 있지만 불특정 다수에게 자신이 어떻게 보이는지는 관심이 없습니다. 관심의 범위가 제한적이고 사회에서 어떤 존재로 비추어지는지 고려하지 않습니다. 따라서 내향형에게 '타인의 시선'을 강조하는 것은 생명력이 없습니다. 저는 더 이상 딸을 설득하는 데 타인을 이용하지 않습니다.

"네가 신경 쓰지 않아도 엄마는 사람들이 너를 어떻게 생각할까 걱정이 된다. 불편하더라도 좀 더 단정한 옷으로 갈아입는 게 어떻겠니?"

라고 권유합니다. 저는 딸에게 의미 있는 존재이기에 내가 느끼는 불편함을 전달하면 딸은 제 사고방식에 동의하지는 않지만, 저를 위해 옷을 갈아 입습니다.

반대로 제 아들은 저와 같은 외향형 아이라서 대화가 어렵지 않습니다. "놀러 가는데 어울리는 의상이 아니다" "너무 과하게 보인다"라는 말에도 쉽게 옷을 갈아입습니다. 남들의 시선에 민감하기에 가능한 행동입니다. **외향형** 기질은 인기 있고 싶어 하고 사람들의 지적에 민감하므로 '사회성'이 발달했다고 볼 수 있습니다. 때로는 오히려 남들의 시선에서 보다 자유로워져야 할 필요가 있습니다.

내향형과 외향형 아이를
성장하게 돕는 말

이러한 정반대의 성향 때문에 아이를 자극하는 방향도 다를 수밖에 없습니다. **내향형** 아이에게 경쟁심을 부추기는 것은 역효과를 불러옵니다. 옆집 누나는 어떤데, 사촌은 어떤데 하는 것은 그들의 귀에 들어오지 않습니다. 타인에게 관심이 없기에 타인보다 우월하려는 욕구도 거의 없는 편입니다. 내향형 아이는 자신의 이상을 실현시키기 원하고, 의미 있는 상대를 기쁘게 하고 싶어 합니다. 그러므로 비교 대상을 찾기보다 아래와 같이 일대일 대화를 해야 합니다.

"○○의 이런 행동이 엄마(아빠)를 슬프게 해."
"○○가 그렇게 말해주니 엄마가 정말 기쁘다."

만약 부모가 계속 남과 비교하며 내향형 아이를 성장시키려 하면, 아이는 오히려 그 속에서 부정적인 단어에 주목하게 되니 주의하세요.

반면에 **외향형** 아이는 사회적으로 영향력 있는 존재가 되고 싶어 합니다. 따라서 경쟁심을 자극하는 말과 상황이 효과가 있습니다. 일대일 과외보다 친한 친구와 함께 다니는 학원에서 실력이 더욱 빨리 향상될 수 있습니다.

행동 교정에 있어서도 외향형 아이에게는 감정에 호소하는 것보다 사람들의 시선이나 사회적 지위를 가르치는 것이 효과적입니다.

"네가 한 등급 올라가면 특목고에 갈 수 있어."
"네가 좋은 직장을 가져야 네가 꿈꾸는 곳에서 살 수 있어."

이런 식으로 자신의 노력과 성과가 사회 속에서 어떻게 발휘되는지 아는 것이 도움이 됩니다. 일반적으로 내향형은 추상적 가치에, 외향형은 눈에 보이는 가치에 에너지를 쓰기 때문입니다.

엄마의 기질도 아이에게 영향을 줍니다. 예를 들어 **외향형 부모**는 **내향형 아이**를 볼 때 답답함을 느낄 수 있습니다.

"어때? 피아노 학원 재미있는 것 같아?"

"……"

"계속 다닐래?"

"…아직 잘 모르겠어."

"왜 몰라?"

"…몰라, 생각해볼게."

"아니, 다닌 지 3개월이나 됐는데 왜 아직도 몰라?"

왜 대답을 못 하는지, 도무지 이해가 되지 않습니다. 싫다는 건지, 좋다는 건지, 모르겠다는 건지, 맞다. 아니다 정확한 대답을 안 하니 답답하고 짜증이 납니다. 하지만 이런 식의 질문은 내향형 기질의 아이에게 부담으로 다가올 수 있다는 것을 알아주세요. **내향형** 아이는 자기 목소리를 크게 내지 않습니다. 소리를 지르거나 강하게 자신의 감정을 전달하지 않아요. 그러니 부디 작은 변화에, 목소리에 귀 기울여 주세요. 즉각적인 반응을 요구하지 말고 생각할 시간을 주세요.

또 한 가지! 내향형 아이는 자신의 감정이나 생각이 밖으로 새어나가는 것에 특히 민감합니다. 그러니 아이가 집에서 한 말을 밖에서, 다른 아이들 앞에서 말하지 말아 주세요. 사생활을 존중하고 비밀을 지켜 주세요. 대수롭지 않다고 생각해서 한 행동이 내향형 아이에게는 상처로 돌아옵니다.

반면 **내향형 부모**는 **외향형 아이**의 감정 표현과 행동이 과하다고 느낄 수 있습니다. 외향형은 흥분하면 말이 빨라지고 행동이 커지면서 즉각적인 교류를 필요로 합니다. 생각보다 행동과 말이 먼저 나가기에 부모도 자신에게 적극적으로 반응해 주기를 바랍니다. 내향형 부모는 관심과 열정을 필요로 하는 아이가 부담스러울 수도 있습니다. 그래도 되도록 반응을 빨리 해 주세요. 만약 지금 부모가 바쁜 상태에 놓여있다면 기다려 달라고 말하고 나중에 적극적으로 대화에 참여해 주세요.

"엄마! 나 학교에서 재밌는 일 있었어. 이거 진짜 꼭 얘기해야 해."

"그래. 설거지 끝나고 들어줄게."

"아, 지금 당장, 당장 얘기해야 해! 나 지금 얘기하고 싶어."

"네가 빨리 얘기하고 싶어 하는 건 이해하지만 엄마도 하고 있던 거 마무리해야지. 대신 설거지 끝날 때까지 기다려주면 네가 좋아하는 간식 먹으면서 이야기하자. 그럼 더 신나겠지?"

아이가 조급하게 굴 때 참을성이 없다고 화내지 마세요. 무엇보다 외향형 아이의 행동을 무조건 자제시키거나 말수를 줄이려 하는 건 아이를 위축시킬 수 있으니 조심하는 게 좋습니다.

내향형과 외향형이
서로를 이해하는 방법

외향형 부모가 보기에 **내향형 아이**는 외로워 보일 수 있습니다. 내향형 아이는 종종 방에 들어가서 휴식을 취하는데 외향형 부모는 이런 아이의 모습을 이해하지 못합니다. 그들이 고독을 즐기는 모습이 안타깝고, 외부와 연결을 끊을까 두렵습니다. 그러나 밖으로 나오라고 내향형 아이를 독촉해서는 안 됩니다. 외향형은 한 공간에 있어도 서로 관계를 맺고 있지 않으면 쉬고 있다고 생각하지만, 내향형은 온전히 혼자인 공간에서만 완전한 휴식을 취할 수 있습니다. 내향형 아이가 단체에서 말을 하지 않거나 친구를 사귀려 들지 않는 것은 수줍음이나 사회에 대한 혐오에서 비롯된 것이 아닙니다. 필요할 때만 외부와 관계를 맺는 내향형 기질의 특성일 뿐입니다. 걱정 안 하셔도 됩니다. 전기 제품의 콘센트를 끼웠다 뺐다 하는 것과 같으니까요. 내향형 아이는 언제든 필요에 의해 세상 밖으로 나오고, 하고자 했던 일을 끝내고 나면 혼자의 시간을 즐길 줄 아는 아이입니다. 외부의 자극을 받는 즉시 상호 작용이 일어나는 외향형에 비해 내향형 아이는 외부 자극을 관조한 후 혼자 있는 시간 동안 머릿속을 정리합니다. 외부에 휩쓸리지 않기 위해 자문자답하며 자신이 무엇을 원하는가에 집중합니다. 이것이 바로 외향형이 종종 놓치는 내향형의 자기 성찰의 시간입니다.

제 아들은 저와 같은 전형적인 외향형입니다. 주말에도 얼굴 보기가 어렵습니다. 회사원이지만 주말에도 쉬지 않고 취미 활동과 외부 모임에 성실히 참여합니다. 다양한 사람들과 만나고 그 속에서 활기를 얻는 성향이기에 가능한 일입니다. 그러나 외부 활동에 집중하다 보니 종종 자신의 페이스를 잃기도 합니다. 일정을 무리하게 잡아 체력적으로 힘겨워하기도 하고 남의 기대에 부응하기 위해 자신의 욕구와는 다른 선택을 해서 뒤늦게 후회하기도 합니다.

이처럼 **외향형**은 주변이 원하는 자신의 모습에 귀를 기울인 나머지, 내면의 목소리를 무시할 수 있습니다. 내가 정말로 하고픈 일은 무엇인지 잊고 주변인들의 권유로 길을 선택할 수도 있고, 몸의 목소리를 듣지 못하고 한계까지 자신을 몰아붙일 때도 있습니다. 따라서 외향형 아이는 의식적으로 내면의 목소리에 귀 기울일 수 있는 자기 성찰의 시간을 가져야 합니다. 외부에서 받은 자극을 '이게 정말 내 생각이 맞나? 정말 내 욕구가 맞나?' 스스로에게 물어보는 시간이 필요합니다. 명상을 하거나 일기를 쓰거나, 독서와 같은 정적인 취미를 갖는 것이 자기 인식에 도움이 됩니다.

아이가 어릴 때 자기 성찰의 시간을 가질 수 있도록 '감정일기'를 쓰게 해주면 좋습니다. 일어난 사건의 배열에 초점을 맞추기보다 그날그날의 기분과 자신이 왜 그런 기분이 드는지 추적해서 기록할 수 있도록 도와주세요. 이때 아이가 나쁜 감정, 좋은 감정을 구분 지어 쓰지 않고 자신의 감정을 모두 표현할 수 있게 북돋아 주세요. 누군가와 에너지를 교류하는 것은 일상에서 이루어지니, 인위적으로 자신한테 몰입하는 시간을 통해 외부에서 받아들인 정보를 정리해야 합니다. 자신한테 도움이 되는 것과 그렇지 않은 것을 구별하고 '남들이 바라보는 나'에만 집중하지 않는, 진정 내가 원하는 것은 무엇일까 스스로에게 질문하는 시간이 필요합니다.

대화를 나눌 때도 내향형과 외향형은 다릅니다. 예를 들어 **내향형**인 아이가 상대방이 말할 때 가만히 있다면, 그의 말에 경청하고 있는 것일까요? 아닙니다. 공상 중이거나 다른 생각을 하는 걸 수도 있습니다. 이 화제에 관심이 없다는 것을 적극적으로 드러내지 않을 뿐입니다. 반면에 **외향형** 아이는 타인과의 대화를 탁구를 치듯 주고받습니다. 상대의 말에 즉각적으로 반응합니다.

외향형은 상대의 말이 이해가 안 될 때 "무슨 말이야?"라고 직접 묻지만 **내향형**은 속으로 '이게 무슨 말이지?'라고 생각하며 스스로에게 질문하고 답을 찾습니다. 즉, 자신이 올바르게 이해했는지 확인할 때 외향형은 상대에게 질문하지만 내향형은 자문자답으로 결론을 내릴 수 있습니다. 또한 외향형은 성급하게 얘기하다 상대의 말을 오해하고, 내향형은 상대에게 묻지 않고 자의적으로 판단해 상대의 말을 오해할 수 있습니다.

일반적으로 외향형이 내향형보다 반응 속도가 빠릅니다. 내향형은 외부에서 자극이 오면 숙고한 다음 말하는데, 외향형이 보기에는 이 상황이 답답하고 상대방이 느려 보일 수 있습니다. 하지만 속도의 차이가 능력의 차이를 의미하지 않습니다. 서로의 속도 차이를 받아들이고 인정해야 건강한 관계가 형성됩니다. 내향형 부모가 외향형 아이에게 급하다고 화낼 이유도, 외향형 부모가 내향형 아이에게 답답하다고 다그칠 이유도 없다는 뜻입니다.

우리 사회에는 내향형으로만 이루어진 집단도 외향형으로만 이루어진 집단도 없습니다. 그러므로 다른 성향끼리 만났다면 상대의 의사소통 방식을 이해하고 적응해야 합니다. 가족은 아이가 태어나서 첫 번째로 접하는 사회입니다. 자신을 있는 그대로 존중해 주는 환경 속에서 자라난 아이는 기질이 능력이 됩니다. 그러니 아이가 틀렸다고 생각하지 말고 자신과 다른 능력을 갖고 있다 여기고 이를 존중해 주세요.

사람은 저마다 다른 에너지의 방향과 속도를 갖고 있습니다. 질문과 관찰을 통해 아이의 성향을 파악하고 내향형 아이에게는 탐구할 수 있는 환경을, 외향형 아이에게는 사람과 교류할 수 있는 환경을 조성해 주세요.

내향형과 외향형 아이 맞춤 육아

내향형 아이와 외향형 아이의 가장 큰 차이는 에너지를 충전하는 방식입니다. 하지만 아이들은 모두 혼자 있는 시간도 필요하고 사람들과 함께하는 시간도 필요해요. 내향형 아이가 사람들을 싫어하는 게 아닙니다. 그렇다고 외향형 아이가 혼자 있는 시간을 싫어하는 것도 아닙니다. 비율의 문제입니다.

내향형은 혼자 있는 시간이 더 필요하고 외향형은 사람들과 교류하는 시간이 더 필요할 뿐입니다. 그러니 내향형 아이가 혼자 있는 시간을 방해하지 말고, 외향형 아이가 사람들을 의식하는 것을 나무라지 마세요. 내향형 아이가 필요할 때 교류할 수 있게, 외향형 아이가 필요할 때 자신과 대화할 수 있도록 장치를 마련해 두세요.

내향형 아이

① 내향형 아이가 자신의 감정을 배출할 수 있도록 도와주세요.

자문자답하는 성향이 강하기 때문에 외골수로 빠질 위험이 있어요. 아이에게 어떤 기분인지, 무엇을 생각하고 있는지 질문해 주세요.

😊 "무슨 생각을 하고 있니?"

😊 "엄마(아빠) 말을 들으니까 어떤 기분이 드니?"

---

② 누군가와 비교하며 자극을 주고 성장시키려 하지 마세요.

아이가 본래 가진 욕구를 자극하세요. 누군가와 비교하며 자극을 주고 성장시키려 하지 마세요. 내향형 아이는 에너지의 방향이 자기 자신에게로 향해 있다는 걸 기억하고, 아이가 본래 가진 욕구를 자극해주세요.

😊 "지금의 너에게 만족하니? 네가 만족하는 자신이 되려면 어떤 노력이 필요할까?"

---

③ [휴식 중] 팻말을 만들어 문에 걸어둘 수 있게 해주세요.

내향형 아이는 아무에게도 방해받지 않고 혼자만의 공간에 있을 때 휴식을 취하고 에너지를 회복할 수 있습니다. 친구들과 어떤 이야기를 나눴는지, 어떻게 놀았는지 이것저것 질문하고 싶을 수 있겠지만, 내향형 아이가 피곤한 기색을 내비친다면 일단 쉬게 해주세요.

외향형 아이

① 외향형 아이는 집단 속에서 에너지를 발휘합니다.

사람들과 상호 소통하는 관계 속에서 경쟁심과 투지가 생깁니다. 일대일 과외보다는 스터디 그룹이나 학원에 보내는 것을 추천합니다. 외향형은 집단의 일원이 되어 외로움을 해결하고 싶어 합니다. 그러니 문화센터에 보내거나 운동을 시키는 등 집단 생활을 하고 다양한 사람들과 교류할 수 있게 해주세요.

----

② 일기 쓰기, 독서, 운동(검도나 요가) 같은 활동을 하게 해주세요.

이런 활동을 하는 동안 자기 자신한테 에너지를 집중하게 됩니다. 이 시간은 자신과 만나는 시간으로, 외향형 아이에게 부족한 자기성찰의 시간을 채울 수 있습니다.

----

③ 본인이 주위 시선을 의식하는 것과 다르게, 다른 사람들은 남의 일에 대해 크게 신경 쓰지 않는다는 점을 알려 주세요.

외향형은 사람들의 시선에서 벗어나 편안해질 필요가 있습니다. 남들의 시선에서 자유로워지고 자기 마음속 목소리를 들을 수 있게 도와주세요.

😊 "사람들의 관심은 제각기 다르단다. 네가 지나치는 모든 사람을 기억하지 못하는 것과 마찬가지야. 좀 더 네 마음속 목소리에 충실하고 자유로워지렴. 네가 어떤 모습이든 엄마는 널 사랑한단다."

😊 "엄마는 네가 어떤 모습이든 구별없이 사랑한단다."

Chapter. 3

기질 맞춤 육아 ②

배려형과 자기형
기질을 이해합니다

집에 오면 친구 이야기를 늘어놓고 자기 일처럼 고민하는 아이가 있습니다. 이러한 아이는 주변에 문제가 생기면 집중하지 못하고 스트레스를 받습니다. 반대로 주변이 시끄럽든 누가 기분이 나쁘든, 자기가 흥미 있는 것에만 집중하는 아이도 있습니다. "얘는 자기 꺼 아니면 관심이 없어, 학교 가면 친구들이랑 잘 지낼지 걱정이야." 주변에 관심 없는 아이의 모습이 사람들로부터 공격받는 빌미가 될까 걱정하는 부모도 있습니다. 자기중심적이고 무심하게 비칠 수 있으니까요.

사람들이 나를 필요로 할 때 행복을 느끼는 배려형과 자기가 흥미 있는 대상을 탐구할 때 행복을 느끼는 자기형 아이, 이 아이들이 오해해서 벗어나 기질을 능력으로 인정받으려면 어떻게 해야 할까요?

배려심은
가르칠 수 있을까?

"엄마는 왜 말을 그렇게 해요?"

딸이 자주 묻던 질문입니다. 마땅한 답을 찾기 어려웠습니다. 매번 물건을 두고 다니니까 정신 똑바로 차리라고 했는데, 말씨가 뭐가 중요한지 의문이었습니다.

"좀 다정하게 말해줄 수 없어요?"

딸의 섭섭한 목소리에도 쉬이 답이 나오지 않았습니다. '지금 쟤가 잘못한 상황 아닌가. 그런데 왜 이 상황에서 다정함을 찾지?' 눈동자를 위아래로 굴리며 생각해 봤지만 왜 다정하게 말해야 하는지 답을 찾기 어려웠습니다. 딸은 제가 평소에도 명령조로 말한다며 같은 말이라도 다르게 말할 수 있지 않으냐고 물었습니다. 사실 딸의 지적이 있기 전까지 저는 제 말투가 거칠다고 생각하지 않았습니다. 그런데 생각해 보니 아이뿐만 아니라 다른 관계에서도 마찬가지였던 것 같습니다. 서로 존대하는 사이에서는 괜찮았지만, 친해지는 순간 제 말투는 단답형에 직선적으로 바뀌었습니다. 같은 말이라도 예쁘게 하는 사람이 있고 기분 나쁘게 하는 사람이 있는데, 저는 후자에 속했습니다. 말투 때문에 잘해주고도 욕먹고 손해 보는 사람, 그게 저였습니다. 특히 가족에게는 더했던 것 같아요. 사회생활을 할 때는 감정이 올라와도 주의했지만, 가족은 제 모든 걸 이해해 줄 거란 생각에 가족관계에서는 상대의 입장까지 고려하며 말하지 않았던 것 같습니다.

저는 첫째 딸과 둘째 아들, 두 아이를 낳았습니다. 같은 환경에서 나고 자란 두 아이 중에서 아들은 말투가 저를 닮았고 딸은 달랐습니다. 딸은 언어에 민감했습니다. 딸은 항상 상대를 배려하는 말씨를 갖고 있어 화를 낼 때조차 부드럽게 말하려 애를 쓰고, 자신이 들었을 때 기분 나쁠 말은 남한테도 하지 않았습니다. 말투에 크게 신경 쓰지 않던 저로서는 딸이 이해가 되지 않았습니다. 감정이 올라왔을 때 그런 생각까지 하고 말을 할 수 있다니 대단하다 생각했습니다.

　기질의 차이가 첫째로 드러나는 곳은 말씨입니다. 상대와의 대화가 편안하고 즐거우면 상대가 나를 배려하고 있다는 뜻입니다. 상대방이 고개를 끄덕이고 적절한 반응을 보이며 공감을 표현하면 '이 사람은 배려가 몸에 밴 사람'이라는 것을 느낄 수 있습니다.

　이처럼 행동뿐만 아니라 말투에서도 새어 나오는 배려심은 친절하고 세심한 '착한 마음'이라는 의미가 내포되어 있는 듯합니다. 반대로 배려심이 없다는 것은 자칫 이기적이고 남을 신경 쓰지 않는 '자기만 아는 사람'으로 받아들여지는 듯합니다. 그래서 부모들은 모두 아이에게 일상 속 배려를 가르치려 애씁니다. 하지만 배려는 타고나는 것이지 몸에 배는 것이 아닙니다. 습관이 아니라 기질인 거죠.

　그렇다면 배려심은 정말 아이들에게 가르쳐야 하는 필수 덕목인 것일까요? 우리는 모두 아이에게 배려심을 가르쳐야 하는 걸까요? 아니, 질문 순서가 잘못됐네요. 이게 먼저겠네요.

　배려심은 가르칠 수 있는 것일까요?

배려형은 타인에게 집중하고
자기형은 자신에게 집중한다

과거에 배려심은 좋은 사람의 필수 덕목으로 여겨졌습니다. 지금도 예전보다는 덜 하지만 유교 사회의 잔재로 인해 배려심이 있는 사람을 선호하기는 마찬가지입니다. 하지만 갈수록 혼란스러워지는 시대상 속에서 '생존력'을 화두에 놓고 볼 때 배려심은 필수 덕목이 아닙니다. 오히려 생존의 측면에서는 나보다 남을 먼저 챙기는 배려형보다 반대 성향인 자기형이 더 유리할지도 모릅니다. 게다가 배려심이 부족한 **자기형**은 배려형이 갖지 못한 다른 능력을 갖고 있습니다. 바로 '스스로에게 몰입하는 힘'입니다.

부모가 보기에 자기 자신에게 몰입하고 있는 자기형 아이는 자칫 무심하고 이기적으로 비칠 수 있습니다. 그러나 관점을 달리하면 주위 분위기에 휩쓸리지 않고 눈앞의 과제에 몰입할 수 있는 아이의 능력이 보일 겁니다.

주변을 살피고 평화로운 관계를 지향하는 **배려형** 아이가 완전히 자신의 과제에 몰입하기 위해서는 주변이 평화로워야 합니다. 다툼이 없는 환경일 때 자신의 것에 집중할 수 있습니다. 하지만 환경은 좋을 때보다 나쁠 때가 더 많습니다. 갈등과 소음은 흔한 일이고 평화는 잠깐 머무를 뿐입니다. 그래서 배려형 아이는 자기 것에 몰입하기가 힘듭니다. 주변에 챙길 사람이 있으면 자신의 것에 몰두하기 힘들어 합니다. 주변이 평화롭고 화합적인 분위기일 때 에너지가 납니다.

종종 배려형 아이는 남을 챙기다 자기 일을 못하는 실속 없는 사람, 오지랖 넓은 사람, 잇속 못 챙기는 산만한 사람으로 취급받습니다. 부모는 배려형 아이의 실속 없는 모습을 보며 속앓이를 하게 됩니다.

'치열한 경쟁 속에서 남 좋은 일만 하다 도태되는 것은 아닐까'

제 딸은 내향형 기질이면서 배려형 기질을 타고났습니다. 초등학교에 입학하기 전까지는 자기가 관심 있는 대상에 몰두하는 아이였습니다. 혼자 춤추고 노래 부르거나 책을 읽으며 시간을 보냈습니다. 그러나 학교를 가고 친구를 사귀면서 자기에게 충실하지 않게 되었습니다. 친구가 놀자고 하면 열일 제치고 놀러나가고 친구 고민을 듣고 오면 이를 신경 쓰느라 자기 할 일에 집중하지 못했습니다.

'그 친구한테 내가 어떤 도움을 줄 수 있을까?'
'친구의 문제가 어떻게 해야 해결될까?'

온통 신경이 친구에게 쏠려 있었습니다.

제 딸처럼 배려형 아이는 당장 자기가 할 일이 눈앞에 놓여 있는데도 누군가 부탁하면 이를 잊고 남을 도와주는 데 시간을 쏟는 경우가 종종 있습니다. 남한테 도움이 되고 있다는 걸 느낄 때 자신의 존재 가치를 느끼기 때문입니다. 부모 입장에서는 아이가 항상 손해 보는 것 같아 걱정이지요.

그러나 반대로 생각해 보세요. 오지랖이 넓은 것도 능력일 수 있습니다. 자기를 못 챙길 정도로 남한테 신경 쓰는 사람은 애초에 배려가 능력일 수 있습니다. 배려심을 필요로 하는 직종은 많습니다. 상담사, 선생님, 사회봉사자, 비서 등의 직종입니다. 이 직종은 이타심이 무엇보다 필요합니다. 남한테 에너지를 쏟을 때 활력이 넘치고 상대방이 자신을 필요로 할 때 삶의 이유를 느끼는 사람들에게 어울리는 직업군입니다. 남을 챙기는 게 자신의 일이 되면 능력이 되는 것입니다. 아이가 남을 너무 신경 쓴다고 꾸짖을 필요가 없습니다.

반대로 **자기형** 아이는 종종 자기밖에 모른다는 오해를 받습니다. 그리고 남의 기분을 배려하지 않은 언행으로 공격받기도 합니다.

자기형 아이를 키우는 부모들은 아이가 말을 듣지 않는다고 고민을 토로합니다. 만약 자기형 아이에게 밤늦게 돌아다니지 말라고, 걱정되니까 일찍 다니라고 하면 아이는 자신을 걱정한다고 생각하기보다 간섭한다고 생각할 수 있습니다. 밤늦게 돌아다니는 게 본인은 행복하므로 엄마가 자신이 행복을 추구하는 행위를 방해한다고 생각할 수 있습니다. 엄마의 걱정에 공감하기보다 본인의 즐거움이 사라지는 것에 주목하는 겁니다. 그러니 자기형 아이에게는 자신의 행동이 주변인들한테 어떻게 인식되는지 알려주면서 성장시켜야 합니다.

또한 자기형 아이는 주변과 불협화음이 생겼을 때 그것을 적극적으로 해결하기보다 나 혼자 놀면 된다고 생각할 수 있습니다. 상대한테 토라져서가 아니라 그것이 보다 간편하게 행복을 취득하는 방법이라고 생각하기 때문입니다. 자기형은 좋아하는 사람과 함께한다고 모든 것이 즐거운 게 아닙니다. 맞추어나가는 과정 자체가 불편할 수 있습니다. 자신이 관심 없는 놀잇거리를 친구가 갖고 오면 그것을 배우고 같이 즐기려 하기보다 지루해 할 수 있습니다. 호불호가 확실

하고 자신의 마음이 무엇을 원하는지 분명히 알기에 흥미 없는 것을
하는 게 괴롭습니다. 자신의 뜻대로 상황이 돌아가지 않으면 집에 가
서 쉬거나 자신이 원하는 놀이를 혼자 들기면서 시간을 보내고 싶어
합니다.

불특정 다수에게 관심 없는 자기형 아이에게 자꾸 주변 분위기를
살피고 조화를 맞추라고 하는 것은 스트레스입니다. 상황과 관계없
이 자기가 좋아하는 것에 몰입하는 능력을 먼저 인정해 주세요. 이들
은 시끄러운 주변 환경과 상관없이 자기 할일을 끝낼 수 있습니다.
이를 살리는 직종에 종사하면 됩니다. 주변의 다른 흥밋거리에 시선
팔지 않고 오롯이 자기 것에 매진하는 힘을 살려 주세요. 직종으로는
연구직, 예술가, 프로그래머 등이 이에 속합니다.

착해서 배려형인 게,
이기적이어서 자기형인 게 아니다

남을 배려하는 마음을 가진 배려형 아이는 착하고, 자기밖에 모르는
자기형 아이는 나쁜 걸까요? 대답은 '아니요'입니다. **배려형**은 자기
형보다 사람 자체에 대한 호기심도 많고 애정 욕구도 많은 기질입니
다. 남한테 필요한 사람이 되고 싶고 상대한테 행복감을 주며 평화가
유지되기를 바랍니다. 따라서 항상 주변 사람과의 관계에 신경을 씁
니다. 상대가 어떤 기분인지, 무엇을 원하는지, 항상 살핍니다. 사소
한 상황에서도 배려형 아이는 신경을 씁니다.

예를 들어 점심 메뉴를 고를 때 상대가 쌀국수를 먹고 싶어 하는
게 눈에 보이니까 같이 쌀국수를 먹고, 대중교통을 이용할 때에도 다
리가 아파 보이니까 자리를 양보합니다. 본인이 치킨이 먹고 싶었다

든지, 짐이 무거워서 앉고 싶다든지 하는 것은 뒷전으로 밀려나는 것입니다. 애초에 이 기질은 상대의 불편함을 잘 보기에 이를 무시하는 것 자체가 스트레스입니다. 상대의 기분을 외면하는 게 불편하니 남한테 호의를 베푸는 것입니다. 애정을 가진 상대를 만나면 더욱 감각이 예민해집니다. 상대가 '저 사람은 어떻게 내가 원하는 것을 이렇게 잘 알까?'라는 의문을 가질 정도입니다.

배려형은 사실 자신이 받고 싶은 것을 남에게 줍니다. 그렇기 때문에 남에게 베풀면서도 상대방이 자신처럼 행동하지 않으면 의문을 품습니다.

'왜 저 사람은 나를 배려하지 않을까? 내가 상대를 좋아하는 만큼 나를 좋아하지 않아서 그런가?'

배려형은 상대가 자기를 배려하지 않으면 몰라서 그런다고 생각하지 못합니다. 할 줄 알면서도 안 해준다고 생각합니다. 상대의 무심함과 친절을 베풀지 않는 배려심 없는 모습이 애정이 없어서라고 생각합니다. 그래서 배려형 아이 눈에 자기형이 이기적으로 비칠 수 있습니다. 하지만 자기형은 정말 몰라서 하는 행동입니다. 상대를 관찰하고 있지 않기 때문에 자연스런 배려가 나올 수 없는 겁니다. 결코 알면서 모른 척하는 게 아닙니다.

자기형 아이는 이기적이지 않습니다. 이들은 남한테 무엇을 바라지 않고 상대의 눈치를 보느라 자신의 감정을 숨기지도 않습니다. 감정을 표현하는 게 자연스럽고 자신의 욕구를 표현하는데 솔직한 편입니다.

자기형은 배려형에 비해 피해의식이 낮은 편입니다. 단지 내가 무엇을 하고 싶은지에 따라 행동하기 때문에 배려형이 보기에 상대적으로 배려심이 부족해 보일 수는 있습니다.

물론 자기형 아이도 상대에게 관심을 갖게 되면 몰입하고 관찰합니다. 다만, 이것은 의식적으로 이루어지는 행위이며 지속성이 짧습니다. 일상에서 이들은 자신의 기분과 욕구에 충실합니다. 자신의 감정과 욕구에 따라 행동하기 때문에 남들도 자기처럼 주위를 신경 쓰지 않을 거라 생각합니다. 그래서 타인에게 기대가 크지 않습니다. 앞서 말했듯 자기형 기질은 타인의 감정을 무시하는 게 아니라 모르는 것뿐입니다. 미리 알아차리지 못할 뿐 상대가 감정과 요구를 정확히 전달하면 자기형도 상대를 존중합니다. 따라서 자기형 아이에게 이런 추측은 배제해 주세요.

'이렇게 말하면 알아듣겠지.'

'이렇게 행동하면 보고 배우겠지.'

자기형 아이에게는 모방을 통한 학습을 기대하기보다 자신의 요구를 솔직히 전달하는 태도가 필요합니다.

배려형 아이에게 필요한 말
자기형 아이에게 필요한 말

배려형 아이는 엄마에게 이런 질문을 자주 합니다.

"엄마 내가 이거 양보했어. 잘했지?"
"내가 이거 해줬는데 엄마는 왜 이거 안 해줘?"

배려형 아이는 자신이 양보를 하거나 선의를 베풀었을 때 이에 대한 칭찬을 받거나 보상을 받는 게 당연하다고 생각합니다. 자신이 행복을 양보했다고 믿기 때문입니다. 그러나 실상은 자신이 행복해지기 위해 나온 배려입니다. 이를 일깨워주세요. 배려형 아이는 양보 자체가 자신의 행복을 위한 행위라는 것을 인지해야 합니다.

"엄마를 기쁘게 해주려고 그랬구나. 우리 ○○는 엄마가 행복하면 기분이 좋아?"

이런 말로 아이 행동 속에 숨은 의도를 알려 주세요. 자신의 호의가 궁극적으로 엄마(아빠)가 아니라 자신을 위한 행동인 것을 깨달아야 합니다. 누가 시켜서 양보한 게 아니고 자의적으로 행한 행동이기에 보상은 당연하지 않습니다. 착한 일이 꼭 칭찬이나 보상으로 이어지지 않는다는 걸 알아야 남한테 피해의식이 생기지 않습니다. 그러니 아이가 내가 이거 했으니 저거 해달라는 말을 하면 이렇게 말해 주세요.

"고마워, 그런데 엄마가 부탁한 게 아니잖아. ○○가 해주고 싶어서 해준 거니까 엄마도 해주고 싶어지면 그때 할게!"

자신의 호의가 반드시 보상으로 귀결되지 않는다는 걸 알아야 상대에게 칭찬받기 위해 무리하지 않게 됩니다. 배려형이 '착한 아이 콤플렉스'로 빠지지 않기 위해서는 착한 행위가 보상으로 이어지지 않는다는 걸 깨달아야 합니다.

만약 착한 아이 콤플렉스를 안고 자란 **배려형 부모**가 **자기형 아이**

를 키우면 어떻게 될까요? 자신의 아이임에도 자기형 아이를 매우 불편하게 여깁니다. 어른에게 인사를 안 하거나, 장난감을 자기 혼자 독차지하는 모습을 보면 아이가 무례하다고 생각하고 이를 고치려 듭니다. 아이가 성격이 고약하다고 말하는 내담자도 있을 정도니까요. 저는 배려형 엄마와 자기형 아이의 관계에 대한 상담을 할 경우, 아이가 버릇이 나빠서가 아니라 잘 몰라서 그럴 수 있다고 생각하는 습관을 들이라고 말합니다. 자기형 아이한테 예의를 가르칠 때도 인성을 꾸짖어서는 안 됩니다.

"친구한테 양보할 수 있는 거잖아."
"어른을 보면 인사부터 해야지."

이런 말은 아이를 책망하고 기죽이는 말투입니다. 앞서 말한 것처럼 자기형 아이에게 무조건적 예의, 배려는 존재하지 않으니 예의를 지켜야 하는 이유와 상황을 알려 주세요. 그리고 아이의 행동을 교정할 때는 정보를 전달하는 건조한 어조를 사용하세요. 예를 들어 경비 아저씨를 마주칠 때마다 인사를 하라고 하면 자기형 아이는 반문할 겁니다.

"모르는 사람인데? 왜 가족도 아닌데 그래야 해?"

무조건 인사하라고 하지 말고 이유를 설명해 주세요.

"경비 아저씨는 우리 집을 안전하게 보호해 주기 때문에 고마운
분이셔, 그러니까 마주칠 때마다 인사해야지."

아이에게 예의를 지켜야 하는 이유와 함께 방법을 알려 주세요.
비슷한 사례로 많은 자기형 아이의 부모는 아이가 학원에서 선생
님의 훈육에 반감을 드러내 갈등이 생긴다는 고민을 토로합니다. 그
럴 경우, 아래와 같이 아이와 대화해 보세요.

"동생이 너한테 형이라고 부르지? 네가 만약 동생한테 공부를 가
르쳤는데 동생이 너한테 신경질 부리고 반말하면 기분이 어때? 만
약 네가 네 살짜리 동생을 돌봐줬는데 동생이 계속 네 말 안 듣고
소리 지르면 기분이 어때?"
"짜증 나죠."
"학원 선생님은 너보다 나이도 많고 너한테 공부를 가르치느라 애
쓰고 계신데 네가 소리 지르면 기분이 어떨까?"
"선생님은 돈 받잖아요."

"선생님은 일한 것에 대한 대가를 받는 것뿐이야. 아빠가 회사에 나가서 일을 하고 돈을 받는 것과 똑같은 거야. 아빠 상사가 아빠한테 소리 지르고 화내면 네 기분이 어떻겠니? 돈은 일한 것에 대한 보상이고 그것과 별개로 지켜야 하는 예의가 있는 거야."

이처럼 아이가 자신의 입장에서 기분이 나쁠 수 있는 상황을 설정해 비교하면서 상대의 기분도 나쁠 수 있다는 것을 이해시켜야 합니다. 반복 학습으로 아이를 훈련한다고 생각하세요.

아이들은 사회의 생리를 모릅니다. 인사를 안 하는 게 상대한테 왜 무례한지 모르는 게 당연합니다. 예의를 지키지 않는 아이한테 당연한 것을 하지 않았다고 화내면 안 되는 이유입니다. 아이에게 당연한 건 없습니다. 맑고 순수한 무지 상태예요.

부모의 말에 자신이 당연한 것을 해내지 못했다고 생각하게 되면 아이는 위축되고 자존감이 낮아집니다. 그러니 절대 아이의 행동으로 인성을 판단하지 마세요. 착하다, 이기적이다 판단하지 마세요. 아이를 부족한 사람으로 만들지 마세요. 규범화된 예의는 공감을 통해 학습시키면 됩니다.

자기형 아이는 정보 전달 혹은 의사 표현을 목적으로 말하기 때문에 무례해 보일 수도 있습니다. 자신의 말과 행동이 상대에게 어떤 기분이 들게 하는지 생각하면서 말하는 배려형과 다르게 자기형은 상대를 배려하며 말하지 않습니다. 의사를 전달하는 데 집중합니다. 딱히 상대를 무시하거나 버릇없이 굴기 위해서가 아닙니다. 자기형 아이의 언행을 교육할 때 이런 식으로 질문하면 안 됩니다.

"네가 그런 식으로 말하면 걔가 기분이 어땠겠어?"

자기형 아이에겐 질문을 가장한 공격일 수 있습니다.

아래는 제가 상담했던 자기형 아이와의 대화입니다. 자기형 아이의 생각을 간접적으로 느낄 수 있을 거예요. 또한 자기형 아이에게 어떻게 말해야 좋은지도 참고해보세요.

"○○아, 네가 갑자기 소리 지르면 그 애 기분이 어떨 것 같니?"

"모르겠는데요?"

"모른다고? 정말 모르니?"

"…몰라요, 걔가 나를 화나게 만들었어요."

"그럼 너는 화나면 소리부터 지르니?"

"당연하죠, 화났으니까 당연하죠."

"걔가 화났다고 너한테 소리 지르면 네 기분이 어떨 것 같아?"

"기분 나빠요."

100

"어떻게 기분이 나쁜데?"

"그냥 기분이 안 좋아요."

"그러면 그 아이는 기분이 어떨까?"

"……?"

"너한테 불편한 건 남한테도 불편한 거야. 상대방이 너한테 소리 지르면 너는 그 사람이 원하는 대로 해주고 싶니? 상대방이 너한테 '조용히 해!' 그럼 너 조용히 해주고 싶니?"

"아뇨."

"그래, 네가 들었을 때 기분 나쁠 말은 상대도 기분 나쁘겠지? 부탁하면 들어줄 수 있는데, 소리 지르면 내가 잘못했어도 화부터 나잖아. 그러니까 말할 때 네 감정을 얘기해 주어야 된단다."

"무슨 감정이요? 난 그냥 기분이 나쁜 건데요."

"그래? 어떤 일로 기분이 나빴는데?"

"걔가 내 장난감을 건드렸으니까요."

"그래, 장난감을 건들면 너는 화가 나니?"

"그럼요! 제 거니까요, 그리고 걔는 내 허락도 안 받았어요."

"그래, 네 것을 허락받지 않고 사용해서 그렇구나. 그럼 친구를 만났을 때 미리 얘기해 주렴. 이건 나한테 소중하니까 건드리지 말라고 얘기해줘."

"왜 그렇게까지 해야 돼요? 내 물건을 건드린 걔 잘못인데."

"친구는 네가 장난감 만지는 걸 싫어하는 줄 모른단다. 친구는 같이 놀고 싶어서 그런 거야. 네가 미리 이 장난감 나한테 소중하니까 만지지 말라고 전했다면 어떻게 됐을까?"

"안 만졌겠죠."

"그래, 그래서 너에 대해 친구한테 설명하는 게 필요한 거야. 그 친구는 너에 대해 몰랐기 때문에 네가 화낸 게 속상했을 수 있어."

자기형 아이에게는 조금 더 자세히 상황을 이해시키려고 노력해야 합니다. 무조건 그래야 한다는 식이 아니라 권유하는 화법을 사용해 아이에게 자신의 말과 행동이 상대에게 어떻게 전달되는지 알려줘야 합니다. 또한 질문을 통해 아이의 감정을 일깨워 주는 것도 좋습니다.

"상대방이 너를 배려하고 존중해 주면 어떤 기분이 드니?"

배려가 어떤 긍정적인 감정을 생겨나게 하는지 자주 생각하게 해주는 게 좋습니다.

그리고 만약 자기형 아이의 언행이 무례하다고 느껴질 때는 즉시 교정해 주세요. 덧붙여, 아이들은 학습과 경험을 통해 배려와 미덕을 배우고 익힙니다. 자기형 아이도 자기 방식대로의 모방을 통해 사회에서 쓰는 언어를 익힙니다. 그러니 집안에서도 부모가 부드러운 말씨를 사용하는 모습을 보여주는 게 좋습니다. 집안에서 배운 언어를 거름망 없이 받아들이고 사회에 나가 사용하기 때문입니다.

'애가 생각이 있다면 밖에서도 이러지는 않겠지?'

이런 생각은 하지 마세요. 자기형 아이는 대체적으로 눈치가 없어 보일 수 있습니다. 그러니 주변인과 갈등 없이 지낼 수 있게 아이가 부드러운 말씨를 사용할 수 있게 도와주세요. 그리고 자기형 아이가 명령조로 말을 하고 주변에 관심을 기울이지 않는다고 해서 '인간미가 없다''배려심이 없다''정이 없다'라고 비하하지 마세요. 부모들이 하는 실수 중에 하나가 아이의 결핍을 자극하는 것입니다. 결핍이 성장을 가져올 것이라 믿지만, 사실 결핍은 열등감을 키울 뿐 성장에 전혀 도움이 되지 않습니다. 당장은 성장한 것처럼 보일 수 있으나 이는 표면적 성장에 불과합니다. 자신을 있는 그대로 사랑하지 못하는 아이는 남을 사랑하는 것도 버겁습니다.

자기형 아이를 배려형으로
자라게 할 수 있을까?

보통 부모들이 배려형 아이를 선호할 것 같지만 모두 그렇지는 않습니다. 아이가 어떤 성격으로 살아야 행복할까에 대한 정의는 부모마다 제각각입니다. 주관적인 경험에 비추어 아이 성격의 방향성을 설정하려 합니다. 남을 배려하느라 내 것을 못 챙겼다고 생각하는 부모는 아이가 자기형으로 자라기를 원합니다. 남편이 외부 활동에만 치중하고 가정을 챙기지 않아 소외감을 느꼈던 부인은 아이가 배려형으로 자라기를 원합니다.

배려형으로 살면서 피해의식이 생긴 부모는 아이가 남을 챙기느라 자기 것을 해내지 못하면 필요 이상으로 분노하고 아이에게 자기 것을 못 챙긴다고 다그칠 수 있습니다. 그리고 남한테 관심 갖지 말고 네 거나 잘하라고 다그칠 수 있습니다. 이렇게 자신의 기질을 환영받지 못한 아이는 남에게 관심 갖지 않으려 노력할 것이고, 자신의 것에 집중하지 못하는 스스로에게 좌절할 겁니다. 주위 신경을 안 쓰고 내 멋대로 행동하는 사람들을 부러워하고 그들처럼 행동하지 못하는 자신에게 위축됩니다.

자기형 아이도 마찬가지입니다. 배려형 아이를 선호하는 부모라면 주변에 관심이 없다고 자기중심적이라고 지적하겠지만, 그러면 안 됩니다. 자기형은 환경의 영향을 받지 않고 자기 것에 몰입하는 게 능력입니다. 하나를 얻으면 하나를 잃는 건 당연한 겁니다. 자기형 아이는 과제나 책에 집중하는 것은 잘해도 사람 간의 관계 맺기에는 서툽니다. 부모는 아이의 영특함에 기뻐하면서도 사회성을 걱정합니다. 그러나 자기형 아이가 친구와 관계를 맺는 것에 소홀하다면 지금 당장 그것이 아이의 관심사가 아니기 때문입니다. 모든 인간은 자신이 관심 있는 대상에게 에너지를 쏟습니다. 아이가 사회성이 부족해서가 아니라 아직은 타인이 아닌 자기 자신에게 애정을 쏟고 있어서 그런 것입니다. 그러니 아이의 결핍에 집중하지 마세요. 아이에게 친구가 없다고 걱정하고 학교생활을 잘할까 불안해하지 마세요.

아이는 평소에 괜찮다가도 부모가 자신에 대해 걱정하면 스스로에게 의문을 품게 됩니다.

'내가 뭘 잘못하고 있는 걸까?'

양육자의 불안은 아이에게 전염됩니다. 친구 없이 혼자서 잘 놀던 아이가 이런 생각을 하게 됩니다.

'엄마가 걱정하는 걸 보니 친구가 없는 게 이상한 건가 보다'

내가 지금 배고프다고 해서 아이도 배고픈 게 아닙니다. 내가 친구가 있어야 소외감을 느끼지 않는다고 해서 아이도 그런 게 아닙니다. 아이가 친구가 없는 것에 외로움을 호소하지 않는다면 부모가 미리 나서서 아이의 결핍을 채워 줄 필요가 없습니다. 아이는 필요하면 주변을 바라볼 것입니다.

자기형 아이를 배려형으로 키우려 들지 마세요. 나한테 가혹하고 남한테 관대한 것은 어릴수록 어려운 법입니다. 어릴수록 보상 심리가 강하고 자신의 감정이나 행동을 자제하기 어렵습니다.

"주변 사람들한테 관심을 가져라."
"분위기 좀 신경 써라."

부모의 말에 아이는 스트레스를 받습니다. 또한 훈육에 의해 자기 것을 양보하거나 배려하게 되면, 보상 심리가 강해질 수 있습니다.

반대로 **배려형** 아이는 어릴 때 다른 사람에게 관심 끄라는 말을 자주 듣습니다.

"오지랖 부리지 마."
"네 거나 신경 써."

배려형 아이가 자기 것을 챙기라고 교육받게 되면, 자신에게 집중하기 위해 의식적으로 남과 거리를 두게 됩니다. 호구나 푼수가 되지 않기 위해 일부러 친구들에게 쌀쌀맞게 행동할 수도 있습니다. 자신의 욕구에 충실하지 못하고 부모에게 교육받은 대로 행동하려 하니 사회생활이 스트레스가 됩니다. 있는 그대로 자신의 모습으로 있을 수 없으니 관계에서 편안함을 느끼기 어렵고 자연스럽게 집단에 녹아들지 못한 피로감에 녹진해집니다. 자신의 모습을 있는 그대로 긍정하고 받아들여야 자신감이 생기고 집단에서도 어우러집니다.

아이의 기질을 바꾸고 싶어하는 부모 마음의 기저에는 이런 생각이 깔려 있습니다.

'이래야 공격받지 않고 살겠지.'

'이래야 살아남을 수 있겠지.'

'너를 위해서'라는 믿음에서 나온 행동이기에 부모는 당당합니다. 부모는 아이한테 행하는 가르침이 자기 자신을 위한 것이라고는 눈곱만큼도 의심하지 않습니다. 그러나 아이를 판단하는 것도, 교육하는 것도, 모두 부모 자신의 주관적 선택이기에 이는 부모 자신을 위한 것일 수밖에 없습니다. 아이의 행동이, 말투가 거슬려서 그걸 문제로 여기고 바꾸려 드는 것은 결코 아이를 위해서가 아닙니다. 아이의 행동이 편안하게 느껴지면 부모는 이를 바꾸려 들지 않습니다.

부모는 자신의 경험에 비추어 아이의 미래를 판단하면 안 됩니다. 내가 남을 배려하느라 내 몫을 못 챙겼다고 해서 아이 또한 그렇게 되는 게 아닙니다. 남을 잘 챙기면서 자신의 행복도 쟁취하는 어른이 될 수도 있습니다. 기질에는 옳고 그름이 없습니다. 부모 입장에서 '불편한' 기질은 존재할 수 있지만 이것은 결코 아이가 불편한 게 아닙니다.

기질에는 문제가 없습니다. 배려형이든, 자기형이든 괜찮습니다. 어떤 기질이든 흑과 백, 앞면과 뒷면을 갖고 있어 어떤 상황에 놓이느냐에 따라 능력이 되기도 하고 결점이 되기도 하는 것뿐입니다. 기질이 능력이 될 수 있는 길로 아이를 인도하는 게 부모의 몫입니다.

배려형과 자기형 아이 맞춤 육아

배려형 아이는 사람들과 함께 하고 싶어 합니다. 함께 하기 위해 사람들을 관찰하고 그들과의 평화로운 관계를 지향합니다. 상대의 기분을 상하게 하지 않으려 말과 행동에 신경 씁니다. 하지만 이런 성향 때문에 자신의 상태와 다르게 주변 상황에 휩쓸릴 수 있으니, 자기에게 몰입하는 힘을 길러 주세요.

반면 자기형 아이는 관심이 불특정 다수에게 있지 않습니다. 따라서 주변 환경의 영향도 적게 받습니다. 오로지 자신한테 밀접하고 유용한, 즐거움을 주는 대상에 대한 호기심과 탐구력이 있습니다. 그러니 아이가 흥미 있는 것에 몰두해 주변을 돌보지 않아도 이해해 주세요. 또한 자기만의 성에 들어가 나오지 않을 수 있기 때문에 관계 형성을 위한 교육이 필요합니다.

배려형 아이

① **감정을 참고 양보하거나 갈등을 피할 때 칭찬하지 마세요.**

배려형 아이는 남한테 불편을 끼치고 싶지 않아서 자신의 욕구를 억누르는 경향이 있습니다. 이런 상황이 계속되면 아이는 자신의 감정을 표현하는 게 어색해집니다. 건강하게 자신의 욕구와 감정을 표현할 수 있게 도와주세요.

---

② **'오지랖 넓은 아이' '자기 잇속 못 챙기는 아이' '실속 없는 아이'라는 말로 평가 절하하지 말아 주세요.**

---

③ **아이가 베푸는 친절을 구체적으로 칭찬해 주세요.**

아이의 행동이 어떻게 자신을 기쁘게 했는지 말해 주세요.

😊 "엄마가 춥다고 말해서 담요를 가져다준 거야? 고마워, 따뜻하네.

😊 ○○ 덕분에 감기 안 걸리겠다."

---

④ **다른 사람에게 베푸는 호의나 양보가 자신의 행복을 위해서임을 깨닫게 해주세요.**

😊 "고마워. 그런데 엄마가 부탁한 게 아니잖아. ○○가 해주고 싶어서 해준 거니까 엄마도 해주고 싶어지면 그때 할게. 너는 엄마가 행복할 때 기분이 좋아지는구나."

---

⑤ **아이가 부모의 기분에 너무 신경 쓰지 않게 주의하세요.**

배려형 아이는 부모의 극적인 감정이나 힘겨운 모습에 영향을 많이 받습니다. 아이한테 일관된 모습을 보여주려 노력하고 힘겨운 모습을 보였을 때는, 엄마(아빠)는 어른임을 강조하며 부모 스스로 이겨낼 수 있다고 말해 주세요.

자기형 아이

① 남한테 관심이 없는 모습을 나무라지 마세요.

아이의 결핍을 자극하지 마세요. 질문을 가장한 꾸지람은 더욱 아이를 위축되게 만듭니다.

😊 "네 것만 신경 쓰지 말고 주위에 관심을 좀 가져." (×)

😊 "그렇게 행동하면 엄마가 어떤 기분일지 생각해 봤어?" (×)

----

② '이기적인 아이' '자기중심적인 아이'라고 평가 절하하지 말아 주세요.

----

③ 아이한테 자신의 감정과 요구를 정확히 전달해 주세요.

아이의 행동을 평가하지 말고 감정만 전달하세요.

😊 "○○야, 엄마도 과일을 무척 좋아해. 엄마한테 하나 양보해 주면 기쁘겠다."

----

④ 집단에서 공격 당하거나 위축하지 않게 사회성을 길러 주세요.

자기형 아이는 자신의 말과 행동이 사람들한테 어떻게 받아들여지는지 배워야 합니다. 자기 것에만 집중하면 친구들로부터 공격 받거나 자기형 아이의 관심을 끌기 위해 또래 아이들이 심술궂은 언행을 보일 수 있습니다.

배려형 · 자기형 기질 육아 시 잊지 마세요!

◆ 배려형은 '어떻게 하면 주변이 평화로울까?'

◆ 자기형은 '어떻게 하면 내가 원하는 것에 집중할 수 있을까?'에 초점이 있습니다.
  이 차이를 유념해서 아이들을 바라봐 주세요.

Chapter. 4

기질 맞춤 육아 ③

자극추구형과 위험회피형
기질을 이해합니다

"앞만 보지 말고 주변을 좀 봐라, 허구한 날 넘어지네."
흥미로운 대상을 발견하면 앞만 보고 걷다가 종종 넘어
지는 아이들이 있습니다. 이 아이들은 매일 가는 학교도
오늘은 이 길로, 내일은 저 길로 색다르게 가는 것을 즐깁
니다. 가보지 않은 샛길을 찾아내고 새로운 것을 발견하
며 일상에서의 신선한 자극을 추구합니다.
반면 어떤 일에 도전할 때 설렘보다 두려움이 앞서는 아
이들도 있습니다. "괜찮아, 걱정하지 마. 아무 일 없을 거
야"라고 부모가 자주 달래줘야 하는 아이들입니다. 이 아
이들은 실패와 실수를 두려워합니다. 그러나 이런 불안
이 위험으로부터 아이를 지켜내기도 합니다.
항시 새로운 자극을 추구하는 자극추구형 기질과 익숙함
을 쫓고 안전을 추구하는 위험회피형 기질, 이들을 어떻
게 맞춤 육아해야 할까요?

자극에 둔감한 자극추구형
자극에 민감한 위험회피형

병원 간판만 봐도 자지러지는 아이가 있고, 주사를 맞아도 안 우는 아이가 있습니다. 조그마한 자극에도 놀라는 아이는 자극에 민감한 것입니다. 무슨 반응을 해도 시큰둥한 아이는 자극에 둔감합니다. 아이가 자극을 받았을 때 민감하게, 또는 둔감하게 반응하느냐를 관찰하면 자극추구형인지 위험회피형인지 구분할 수 있습니다.

딸이 네 살 때 일이었습니다. 다용도실에서 배를 잡고 데굴데굴 구르며 까무러치게 울어서 구급차를 타고 응급실에 갔습니다. 위세척을 했고 비누 거품이 나왔습니다. 저는 너무 놀랐습니다. 제가 청소기를 돌리고 있을 때 딸이 세제를 입에 넣었던 겁니다. 딸은 눈에 띄면 무조건 오감으로 그것을 체험하고자 했습니다.

이뿐만이 아닙니다. 제 딸은 잠시도 눈을 뗄 수 없는 아이였습니다. 모든 전자 제품을 이것저것 눌러봐서 고장 내고, 여차하면 밖에 나가 여기저기 돌아다녀 찾아다니느라 고생했습니다. 또한 같은 목적지를 가더라도 어제와 다른 길로 가고 싶어 하고 남들보다 빨리 걷는 바람에 자주 넘어졌습니다. 주변 사람들은 아이가 유별나다고 했지만, 저는 모든 아이들이 다 그렇다고 생각했습니다. 그리고 둘째가 태어났습니다.

둘째인 아들은 딸과 달랐습니다. 아들은 쉽사리 무언가에 손대지 않았습니다. 음식도 먹기 전에 생김새를 살폈고 맛이 이상하다 싶으면 재빨리 뱉었습니다. 돌이 지나도 사람들이 걷는 모습을 구경만 하고 일어설 생각을 안 했습니다. 뒤늦게 걷기 시작한 후에도 유모차에 탄다고 고집을 부렸습니다. 반대로 딸은 유모차를 답답하다고 싫어했고 자기 발로 걷고 싶어 했습니다. 하지만 주변을 살피지 않고 앞만 보고 걷느라 딸은 자주 다쳤습니다. 아들은 늦게 걸었지만 넘어지는 일은 없었습니다.

딸은 호기심으로 세상을 바라보는 자극추구형 기질, 아들은 안전한 공간에서 세상을 살피는 위험회피형 기질입니다.

자극추구형 아이는 일상생활에서 자극이 부족한 상태고, **위험회피형** 아이는 자극이 과잉된 상태입니다. 같은 환경임에도 불구하고 자극을 다르게 인식하는 이유는 사람마다 외부 자극에 대해 어떤 반응을 일으키는 데 필요한 최소한의 자극 세기, 역치(감각세포에 흥분을 일으킬 수 있는 최소한의 자극 크기)가 다르기 때문입니다. 역치가 낮으면 약한 자극에도 흥분하고 역치가 높으면 강한 자극을 주어야만 흥분합니다.

즉, 자극에 대한 역치가 낮은 편인 위험회피형 아이는 작은 자극에도 영향을 받고, 역치가 높은 편인 자극추구형 아이는 자극이 인식되려면 강력한 감각 자극이 필요한 것이죠. 역치가 낮은 위험회피형 아이는 유입되는 자극의 양을 줄이려고 하고, 역치가 높은 자극추구형 아이는 유입의 양을 높이기 위해 자극 유발 행동을 하게 됩니다.

그래서 **위험회피형** 아이는 작은 자극에도 영향을 받는 까다로운 아이로 보일 수 있습니다. 이들은 새로운 사람과의 접촉이나 몸 놀이를 하는 데에도 불편을 느끼기 쉽습니다. 미각이나 후각에도 예민한 반응을 보이기 쉽고, 작은 소리에도 예민한 경우가 많습니다. 번쩍거리는 조명이나 네온 사인 불빛에 불편감을 호소하고, 움직이는 속도나 방향이 변화는 것을 힘들어하기 때문에 차멀미를 할 수 있습니다.

반대로 **자극추구형** 아이는 일상에서 받는 자극의 양이 적어 다른 자극을 필요로 합니다. 자극을 만들기 위해 무언가를 지속적으로 만지려고 할 수도 있어요. 빛을 내는 것이나 움직이는 물체를 바라보는 것을 좋아하고, 소리 자극을 찾으려 하며 자신이 소리를 내기도 하죠. 위험회피형 아이들이 변화의 폭이 큰 움직임을 힘들어하는 것과 달리 자극추구형 아이는 놀이기구를 타거나 역동적으로 움직이는 것에 흥미를 보입니다. 이렇듯 **자극추구형** 아이는 항상 자극에 목말라 있습니다. 만지고, 먹고, 냄새 맡는 등 오감을 모두 느끼고자 합니다. 낯가림보다 호기심이 많으며, 주위를 살피지 않는 편이라 부주의하고 조심성이 없어 보입니다. 시끄러운 음악, 낯선 사람, 새로운 장소 등을 좋아합니다.

반대로 **위험회피형** 아이는 새로운 환경에 적응하기까지 시간을 필요로 합니다. 도전 의식이 약하고 자신의 능력을 스스로 과소평가하는 경향이 있습니다. 따라서 위험회피형 아이는 독립이 느린 경우가 대부분인데 부모는 그들이 스스로 품을 떠날 때까지 충분한 시간을 함께 해주는 게 중요합니다. 다른 아이들의 속도에 맞추어 아이를 독립시키려 하면 아이의 불안만 가중될 뿐입니다. 시간의 차이일뿐 인간은 본능적으로 누구나 나이가 들면 세상 밖을 탐구하고 싶어 합니다. 위험회피형 아이가 스스로 세상에 대한 탐구심을 드러내며 나아갈 때까지 기다려 주세요.

롤러코스터를 타고픈 아이
회전목마가 편안한 아이

딸은 어릴 때 다른 동네로 이사를 가고 싶어 했습니다. 지금 사귄 친구들과 헤어지는 건 슬프지만 새로운 환경에 대한 설렘이 더 크다고 말했습니다. 공부를 해도 한 장소에서 오래 하지 못했습니다. 집에서 잠깐, 카페에서 잠깐, 공원에서 산책하고 독서실에서 잠깐, 이런 식으로 자주 옮겨 다녔습니다. 진득하게 앉아서 공부해야지 왜 집중 안 되게 돌아다니냐고 채근하면, 자기는 한 장소에서 종일 있으면 집중이 더 안 된다고 했습니다. 계속해서 새로운 자극이 주어져야 에너지가 솟았던 것 같습니다.

제 딸과 같은 **자극추구형**을 가장 잘 표현할 수 있는 단어는 '호기심'입니다. 그렇게 보이든 아니든 내면이 그러합니다. 열려있는 태도와 호기심이 에너지의 원천입니다. 주변에 자극적인 것이 없으면 스스로 자극을 찾다 위험에 처할 수 있으니, 부모가 좋은 자극을 지속적으로 공급하는 게 중요합니다. 이들에게는 매일 똑같은 삶을 살아가는 것이 고역입니다. 매너리즘이 찾아오고 자극 결핍으로 인해 더욱 강한 자극을 추구하게 되지요.

마치 야생마처럼 앞만 보고 가는 자극추구형 아이는 부모를 걱정시킬 수밖에 없습니다.

"위험해 보이니 하지 말고 가만히 있어라."

하지만 자극추구형 아이에게 이렇게 말하면 아이를 답답하게 할 뿐입니다.

"자전거를 탈 때는 다칠 수도 있으니까, 긴 바지를 입는 게 안전하겠다."

아이가 안전장치를 장착한 뒤 자극을 추구할 수 있게 유도해주세요. 아이의 도전 의식을 위축시킬 필요는 없습니다. 다치지 않게 주의를 기울이고 안전을 신경 쓰는 태도가 필요하다는 걸 알려 주세요.

[굿바이 프로젝트]에 지원해주신 여러분을
진심으로 환영합니다.
우리는 당신의 삶의 마무리를 위하여
최선을 다하겠습니다.

본 안내서는 [굿바이 프로젝트]에 선정된
귀하를 위해 만들어졌습니다.
다음의 내용을 숙지하여 안락하고 우아한
마지막 생애를 꾸며보십시오.

굿바이 프로젝트

[굿바이 프로젝트]에 선정된 여러분, 진심으로 환영합니다.
본 프로그램은 안락하고 긍정적인 죽음문화의 도입을 위해
통합정부국에서 마련한 초대형 기획입니다.
그간의 아름다웠던 삶과 그 끝을
스스로가 지정해 마무리할 수 있다는 것은 귀한 축복입니다.
귀하를 위해 준비된 다양한 서비스를 마음껏 누리십시오.
또한, 귀하의 삶의 끝에
아름다움과 축복이 함께하기를 진심으로 바랍니다.

2XXX. X. X. 통합정부국 일동

시스템

귀하가 머무는 곳은 제3행성의 건물입니다.
지정된 룸에서 77일간 머물며 삶을 정리하고
그 끝에 이르게 됩니다.
여러분의 인도자는 그 과정을 흐트러지지 않도록 관리하며,
지지해줄 것입니다.

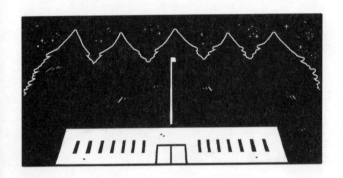

식사는 캔식사와 복숭아우유로 X시와 X시에 각각 제공됩니다.
그 외 기호품도 요청 시 지급됩니다.
기상과 수면 시간은 자유,
단, 오후 X시부터 X시까지만 외출이 허용되며
그 외의 시간은 건물 안에서 보내게 됩니다.

외출 시간에는 인도자와의 상담이 가능합니다.
결심이 서지 않는 등 마무리에 관한 문제에 한하여
자유롭게 상담할 수 있습니다.

귀하가 77일 안에
결심과 그 수단을 정한 뒤,
안내서의 '주문 가능 품목'에서 원하는 물품을 주문하면
3일 후 정확히 룸의 내부에 배치될 것입니다.

혹여 결정을 내리지 못하더라도,
77일간 지급된 식사와
방에 주입되는 가스의 영향으로 인한
자연사가 가능합니다.
허나 이 프로젝트의 목적이
개인의 자율적인 삶의 마무리인 만큼,
본인이 진정 원하는 현명한 선택을 하길
권하는 바입니다.

여러분의 결정 수단 및 마지막 모습은
차후 문서로 정리되어
모범안으로서 시민에게 귀중한 자료가 될 것입니다.

상품 안내서

금지 사항

- 살인할 수 없다.
- 자기 자신의 살인은 의뢰가 가능하나,
  인도자에게 의뢰하는 것만이 가능하다.
- 외출 시간 외의 외출은 불허한다.

이상입니다.
이외에 궁금한 사항이 있다면 인터폰의 01-001을 눌러
인도자 혹은 안드로이드 데이브에게 문의하십시오.

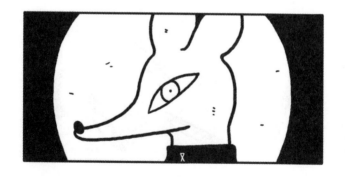

주문 가능 품목

다음의 물품은 귀하를 위해 준비된 최고급 지급품입니다.
사전 조사를 통하여 시민이 가장 선호하는 물품을 모았습니다.
이외에 필요한 물품이 있다면 인터폰의 01-002를 눌러
인도자 혹은 안드로이드 데이브에게 문의하십시오.

권총
누구나 선호하는 생의 단말마.

단단한 밧줄
풀리거나 끊김 없이,
목에 감기는 감촉은
부드럽게,
죽음의 순간은 말끔하게.

면도날
긋는 위치는
인도자가 안내해드립니다.

해피필스(2)
생의 마지막은
무감각과 함께.

단도
어디든 잘 드는 날씬한 모양이며,
다치지 않도록 끝부분을 마모 처리했습니다.

수면약물(1)
달콤한 환상과 함께
생의 마무리를 선물합니다.

두터운-벽돌
치거나, 맞거나, 묶거나
자유롭게 사용하세요.

수면약물(2)
마치 한 편의 영화를 보듯,
현생이 데자뷰로 펼쳐집니다.

활활-타기
냄새를 억제한 휘발유와
꺼질 걱정 없는 불씨를 함께.

피클단지
생전 모습 그대로 영원히…
조기 품절 가능성이 있습니다.

다음의 물품은 귀하를 위해

[굿바이 프로젝트] 측에서 개발한 기본 지급품입니다.

[What do you like]

총 77알로, 77알의 약 중
단 하나만이 극약입니다.
여러분의 운을 시험해보세요.

[good night]

포근한 코튼, 바닐라, 딸기꽃이 들어간 배스밤.
맛보지 못한 환상과 함께, 굿나잇. 굿바이.

[come home]

마치 '집'으로 돌아온 듯 묘한 상상력을 자극해
포근하게 잠재워주는 가스.
벽면의 버튼을 눌러 사용하세요.
도중 취소 가능.

[굿바이 프로젝트]의 자살명소를 안내합니다

[얼음호수]
아름다운 경관과 인생의 마지막을 함께.

[레드마일]
호수에 붙어 있는 절벽.
뾰족한 붉은 암석으로 이루어져,
실패할 걱정은 뒤로.

[그린마일]
제3행성에서 가장 높은 곳을 선정해,
인공바위와 기네스급의 타워를 지었습니다.
아찔한 감각과 인생의 마지막을 함께.

[핑크룸]

당신의 마지막을 핑크빛으로.

[옐로라인]

화사한 노란색 꽃과 각종 식물로 꾸며진 정원.
편안하고 아름다운 마무리를 당신께.

[블루스폿]

깊이를 알 수 없는 중간 크기의 연못.
알 수 없는 신비로움으로, 이곳에 몸을 담그면
천천히 의식을 잃어감과 동시에
신체 또한 사각사각 소멸됩니다.

[굿바이 프로젝트]의 혜택을 받은 많은 분들의 경험담을
직접 보고 느껴보세요.

각 방의 책꽂이에 비치되어 있습니다.

연간 [굿바이 프로젝트]

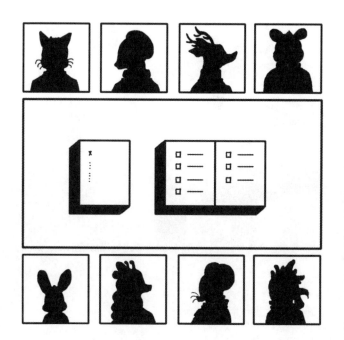

여러분의 아름다운 삶의 마무리에 도움이 되었길 바라며.
기타 문의사항은 인도자와 상담해주십시오.

룸서비스 : 000-008-020
긴급연락 : 000-004-024

굿바이 프로젝트 –안내서– 감사합니다. ⓒ VAMVI

굿바이프로젝트

위험회피형 아이의 가장 큰 특징은 부정적 결과에 주목한다는 것입니다. 과거의 실수에 비추어 미래를 비관적으로 예측합니다. 도전하지 않아도 되는 명분을 내세우고 안전지대에 머물고자 합니다. 그래서 위험회피형 아이는 자신이 무엇을 원하는지보다 어떻게 해야 안전할지에 집중합니다.

'어떤 사람이 안전할까?'
'어떤 직업이 안전할까?'
'어떤 선택이 실패가 없을까?'

그들은 실패하고 싶지 않기에 안전한 선택을 지향합니다. 그리고 부모나 권력자 뒤에 숨어서 세상에 도사리고 있는 위험을 피하고자 합니다. 하지만 안타깝게도 가만히 있으면 안정은 무너집니다. 러닝머신 위에서 가만히 서 있으면 자리를 유지하는 게 아니라 넘어지는 것처럼 말이죠. 제자리에 머물기 위해서라도 끊임없이 전진해야 합니다. 도전하지 않으면 도태될 수밖에 없습니다. 위험회피형 아이가 불안을 해결하고 앞으로 나아가야 하는 이유입니다.

위험회피형이면서 외향형인 제 아들은 대학 때 여러 동아리에 가입하고 사람들과 어울렸습니다. 이공계열에 진학했지만 예술 활동도 좋아하고 다양한 분야에서 활동하는 것을 즐겼지요. 그러나 성인이 되어 현실과 맞닿은 진로를 선택할 때 자신이 무엇을 좋아하는지에 주목하기보다 어떤 길이 안전한가를 우선시했습니다. 이렇듯 평소의 모습보다 결정적인 순간의 선택이 아이의 기질을 보여줍니다.

제 아들과 같은 위험회피형 기질은 자신의 욕구가 안전에 있다고 착각하지만, 이들은 불안을 해결하고 싶을 뿐입니다. 불안 앞에서 다른 모든 욕구가 힘을 잃는 것입니다. 안전 말고 다른 욕구가 없는 게 아닙니다.

자신의 감정과 욕구에 솔직해지고 용기를 내는 것이 그들의 과제입니다. 그렇기 때문에 부모는 위험회피형 아이들이 세상이 보다 안전하다고 인지할 수 있도록 도와줘야 합니다. 넘어진다고, 번개가 친다고 세상이 무너지지 않는다는 것을요.

자극을 추구하면 외향형?
위험을 회피하면 내향형?

자극추구형 아이는 평소 에너지를 많이 씁니다. 에너지를 발산하다 보니 동작이 크고 활동 반경이 넓어 외향형일 거라고 오해하지만, 감각을 얻기 위한 행동이지 동적인 아이라서 그런 것은 아닙니다. 앞서 설명했듯 외향형과 내향형은 '에너지의 방향'이 다른 것입니다. 에너지의 방향이 내부로 향하는 내향형이면서 자극추구형인 아이를 동적인 아이로 착각해 무대에 올려놓으면 오히려 부끄러워하고 꺼릴 수 있습니다. 자극을 추구하는 과정에서 사람들의 시선을 끌 수는 있지만 애초에 아이는 그것을 의도하고 행동하는 게 아닙니다. 내향형이면서 자극추구형인 아이도 많습니다. 또한 자극추구형 아이는 주위를 신경 쓰지 않고 행동하며 거침이 없어서 눈에 띄는 것이지, 관심과 시선을 끌기 위해 행동하는 게 아닙니다.

자극추구형 아이들은 자신의 말이, 행동이 어떻게 받아들여지는지 모릅니다. 주위를 살피기보다 자극을 추구하는 데 몰두하다 보니 약간 눈치가 없습니다. 눈치 없는 태도는 자극추구형 아이가 또래 집단에게 공격받는 빌미가 되기도 합니다. 작은 자극은 미처 알아차리지 못하는 태도가 또래 사이에서 문제가 될 수 있습니다. 그들은 강한 자극이나 공격을 받아야 무언가 잘못됐다는 것을 깨닫습니다. 하지만 집단에서 생활하기 위해서는 친구들의 싫증난 표정, 무뚝뚝한 말투, 무심한 눈빛 등이 의미하는 것을 읽어낼 줄 알아야 합니다.

따라서 자극추구형 아이의 부모는 사람들의 작은 신호도 파악할 수 있게 감각을 깨워줘야 합니다. 자극을 추구하는 과정에서 자신의 행동이 위험해 보일 수도, 무례해 보일 수도 있다는 것을 아이가 인지할 수 있게 도와줘야 합니다. 비교적 어렸을 때부터 사람들이 불편하다는 신호를 보내고 있다는 것을 알아차리고 스스로 몸가짐을 통제하는 방법을 익혀나가야 합니다.

위험회피형 아이도 마찬가지로 내향형과 연관되는 것이 아닙니다. 평소 그들은 낯선 환경에서 긴장되어 있기에 내향형으로 보일 수 있습니다. 그러나 주목받기 원하고, 나서고 싶어 하는 외향형이면서 위험회피형 기질인 아이도 있습니다. 이런 아이들은 평소 에너지를 쓰지 않는 편이라서 안전하다고 생각되는 장소에 가거나 사람을 만나면, 에너지가 폭발할 수 있습니다.

불안이 심하고 어떤 것에도 도전하려 하지 않는 아이가 상담소에 찾아왔습니다. 아이는 태어날 때 새끼손가락 마디가 구부러지게 태어나 몇 번의 수술을 거쳐 손가락을 폈습니다. 어릴 적 거듭된 수술로 인해 아이는 고통과 두려움으로 세상을 인식했습니다. 걸을 나이가 돼도 걷지 않으려 했습니다. 이 아이의 엄마는 처음에는 아이를 어떻게든 걷게 하려고 했으나 나중에는 포기했습니다. 건강하게 자라주기만을 기원했습니다.

그러던 어느 날 엄마가 실수로 낮은 경사로에서 아이를 태운 유모차를 놓치자 아이는 재빠르게 유모차에서 뛰어내렸다고 합니다. 아이가 처음으로 스스로 걸은 순간이었다고 했습니다. 생명의 위협을 느낀 순간 아이가 용기를 낸 것입니다. 아이는 그 뒤로 유모차를 타지 않고 걸어 다니게 되었습니다.

이 사례처럼 **위험회피형** 아이는 항시 자극보다 안전을 추구합니다. 부모 입장에서는 조심성 있는 아이로 생각될 수 있지만 이런 기질 때문에 안전에 대한 불안이 크게 자리잡아 자신의 성장을 가로막기도 합니다. 따라서 위험회피형 아이를 둔 부모는 아이가 보다 세상을 안전하게 인지할 수 있도록 어떤 상황에도 별일 아니라는 태도를 보여야 합니다.

위험회피형이 자신의 능력을 발휘할 수 있게 실패에 대한 두려움을 없애주세요. 위험회피형 아이들이 뭔가에 도전하고 싶어 할 때 부모 또는 양육자가 대담하고 덤덤한 태도를 유지하며 바위 같은 모습을 보이면 갈대같이 흔들거리는 아이의 마음도 안정을 찾습니다.

아이가 무언가 도전하려고 할 때 긍정적 사례를 이야기해 주는 것도 좋습니다. 아이의 막연한 두려움 뒤에 열정과 도전 의식이 숨겨져 있으니까요. 이를 밖으로 표출해서 창조적인 에너지를 경험할 수 있게, 보다 세상을 안전한 장소로 인식할 수 있게 도와주세요.

위험회피형 아이가 다쳤을 때 화들짝 놀라거나 다칠까 봐 호들갑을 떠는 모습은 금물입니다. 상처의 크기도 실패의 아픔도 본인이 결정하는 겁니다. 위험회피형 아이가 실패에 의연해질 수 있도록 도와주세요. 아이가 실패가 무서워 뭔가 시도하는 것을 주저하고 있다면, 실패해도 툭툭 털고 일어나 다시 하면 그뿐이라고 말해 주세요.

외향형 기질이면서 위험회피형인 제 아들은 흔히 남들이 말하는 '엄친아'로 커서 좋은 대학을 졸업해 안정적인 사회생활을 하고 있습니다. 하지만 저는 종종 '혹시 어렸을 때 내가 더 다양한 방향에 도전할 수 있도록 해줬다면, 너무 통제하려 하지 않고 아이의 도전에 좀 더 의연한 태도를 보였다면 아들이 더 자유롭고 행복한 삶을 살고 있을까? 어땠을까? 아이는 지금 정말 행복한 걸까?'라는 생각이 들 때가 있습니다.

둔감한 감각을 깨우고
민감한 감각을 재우자

자극추구형 아이는 위험한 환경에 놓이는 경우가 많습니다. 새로운 것은 항상 자극적이므로 돌다리를 두드리지도 않고 무작정 건너게 되지요. 따라서 자극추구형 아이의 부모는 아이가 새로운 것뿐만 아니라 일상 속에 숨겨져 있는 작은 자극에도 반응할 수 있게 감각을 깨우는 훈련을 해줘야 합니다.

"바람이 살랑살랑 부는구나, 바람이 느껴지니? 기분이 어때?"
"주사바늘이 들어갈 때 어떤 느낌이었니?"

일상의 작은 자극도 알아차릴 수 있게 아이에게 질문해 주세요. 혹시 아이가 무턱대고 뭔가를 만지려 하면 안 된다고 행동을 제지하려고만 하지 말고 아이가 스스로 조심조심 물건을 다룰 수 있게 도와주세요.

"안전한지 엄마랑 같이 살펴보자"

감각도 학습에 의해 성장합니다. 부주의하게 행동하다 높은 곳에서 떨어지면 왜 위험한지 아이에게 알려주세요.

하지만 자극추구형 아이는 자극이 없으면 에너지가 소진되기 때문에 무조건적으로 억압하면 자극을 찾기 위해 이것저것 만지고 더 위험한 일을 벌일 수 있습니다. 숨죽여 지내다가도 돌발 행동을 하거나, 부모의 눈을 피해 위험한 행동을 할 수 있으니 주의를 기울이세요. 비단 자극추구형 아이의 안전만을 위해서가 아닙니다. 자극추구형 아이는 자극에 둔감하기 때문에 다른 아이를 툭 친 건데 상대는 아플 수 있습니다. 무딘 감각을 깨워야 사람들과 원활하게 의사소통할 수 있고, 좋은 관계를 유지할 수 있습니다.

감정을 표현할 때도 아이가 '좋다' '싫다'로 단순하게 표현하면 물어보세요. '왜 그런 감정이 드는지' '얼마나 좋은지' '어떻게 좋은지'

자세히 물어서 아이가 자신의 감각에 민감해지도록 도와주세요. 주의력과 관찰력은 자신과 주변을 보호하는 필수적인 능력이니까요.

위험회피형 아이는 부정적인 경험을 잘 잊어버리지 않기 때문에 실패를 크게 받아들이고 다시 도전하기를 두려워합니다. 따라서 아이의 부정적인 경험을 축소하거나 긍정적인 기억으로 바꿔주는 재인식 과정을 통해 회복탄력성을 키워야 합니다. 만약 고양이가 할퀴어서 고양이 옆에 가까이 가지 않는 아이가 있다면 아주 작은 새끼 고양이부터 보여주고 친해질 수 있도록 하는 것처럼 말이죠. 아이와 고양이가 거리를 충분히 둔 채 고양이가 간식을 먹기 위해 사람에게 애교를 부리는 모습을 수차례 보여주며 익숙해지게 해주는 것도 좋겠죠. 다른 예로 아이가 귤을 먹었는데 체해서 다시는 귤을 안 먹으려 든다면 재인식할 수 있게 이렇게 말해주어야 합니다.

"그날은 귤 때문이 아니라 네가 몸이 안 좋아서 체한 거야. 예전에도 여러 번 새콤달콤한 귤을 맛있게 먹었는데 체하지 않았잖아."

하지만 이러한 재인식의 목표가 원래와 같은 상황으로 되돌리는 데 있지 않다는 것을 염두에 두세요. 강아지를 무서워하지 않는 아이, 귤을 먹는 아이로 되돌리는 것은 어려울 수 있다는 뜻입니다. 다만, 아이가 일상에서 불안이나 위험을 호소할 정도가 된다면 부모는 계속해서 부정적 경험을 작게 축소해주려 노력할 필요는 있습니다. 그렇지 않으면 강아지를 무서워 하거나 귤을 못 먹는 것에서 그치지 않고 더 많은 것을 경험하지 못하고 받아들이지 못하는 아이가 될 수 있으니까요.

종종 위험회피형 기질의 부모는 아이에게 열린 마음을 갖고 새로운 것에 도전하기를 권하면서 부정적인 결과를 떠올리게 하는 질문을 할 수 있습니다.

"실패했을 때 어떻게 할지 생각해 봤니"
"잘 안 됐을 때는 어떻게 해야 할까?"
"그러다 이런(부정적인) 일이 생겨도 괜찮겠니?"

예를 들어 롤러스케이트 타러 가자고 하면서 이렇게 묻는 식입니다.

"롤러스케이트 타다 다칠 수도 있어. 혹시 보호대가 벗겨지면 다칠텐데 어떡하지?"

이런 질문은 자칫 도전이 상처, 실패라고 인식될 수 있습니다. 그러니 부모는 안전장치가 제 역할을 할 수 있다고 믿게 함과 동시에 '상처' '실패'와 같은 부정적 인식이 아니라 '재미' '놀이' 등 긍정적으로 바꿔줄 필요가 있습니다.

"누구나 다 처음에는 실패할 수 있어, 네발로 기어 다니다 두 발로 걸으면 넘어지지. 다치기도 하고. 자주 넘어지고 일어나고 그러다 어느새 잘 걷게 되는 거야. 거듭되는 실패와 상처가 새로운 능력과 세상을 선물하는 거야. 네가 롤러스케이트를 타고 달리는 상상을 해봐. 우와~ 얼마나 즐겁고 재밌을까!"

가정에서도 혹시 위험회피형 아이가 그릇을 깨트리면 당황하지 말고 차근차근 치우는 모습을 보여 주세요.

"그릇이 깨지면 치우면 돼. 어때? 처음처럼 다시 깨끗해졌지?"

그리고 이렇게 말하며 정서적 안정감을 심어주는 것이 중요합니다. 아이와 모형을 조립하거나 같이 요리할 때도 실수해서 다른 모양이 나오면 실패한 게 아니라 도전했다고 느껴질 수 있게 말해 주세요.

"오, 이것도 색다른데? 이렇게도 만들 수 있고 저렇게도 만들 수 있는 거지. 이게 더 예쁜데?"

도전을 재밌는 것, 신나는 것, 칭찬받는 것으로 받아들일 수 있게 유도해 주세요.

무엇보다 애초에 위험회피형 기질은 남들보다 불안 지수가 높기 때문에 집이 최대한 안전한 장소로 자리 잡아야 합니다. 그래야 아이의 활동성을 증대시킬 수 있답니다. 즉, 집에서는 조심할게 없도록, 위험하지 않은 상태로 만들어 주는 것이 중요합니다. 깨지기 쉬운 유리병들이나 민감한 전자기기들은 최대한 치워 주세요.

만약 위험회피형 아이가 실패의 좌절에서 쉬이 벗어나지 못한다면 말해주세요.

"기억해? 저번에도 비슷한 일 있었는데. 잊고 있었어? 그래, 지금은 아무렇지도 않지? 그럼 이번 것도 아무것도 아니야. 인생은 경험을 통해 배워가는 가정이란다."

아이가 부정적인 감정에 젖어있지 않게, 툭툭 털고 일어날 수 있게 도움을 주세요. 세상은 점점 더 아이가 많은 시련과 두려움을 경험하게 할 겁니다. 그런 어려움에서 아이가 불안에 겁을 내고 주저앉지 않도록 적응력을 키워 주세요.

자극추구형과 위험회피형 아이 맞춤 육아

자극추구형 아이는 자극이 삶의 동력이므로 적절한 범위 안에서 자극을 추구하도록 해 주세요. 다만, 안전에 대한 경각심을 심어줄 필요는 있습니다. 무조건 아이에게 조심하라고 말하고 행동을 제한하는 것은 도움이 되지 않으니 위험에 대해 구체적으로 알려 주고, 안전장치나 실패에 대한 대비책을 생각하게 한 뒤 행동할 수 있게 침착함을 길러 주세요.

위험회피형 아이는 자극에 민감합니다. 세상에 대한 두려움을 본능적으로 갖고 태어납니다. 실패를 두려워하고 확대하여 해석하며 자신의 능력을 과소평가하고 새로운 것에 도전하는 데 있어 소극적일 수 있습니다. 두려움 뒤에 숨겨진 아이의 열정을 알아주고 아이가 자신의 능력을 펼치게, 실패를 두려워하지 않게 도와주세요.

자극추구형 아이

① "올라가지 마" "아무거나 만지지 마" 같은 명령조로 말하지 마세요.

이런 양육 방식은 오히려 아이를 자극해 관심에 불을 지필 수 있습니다. 또한 아이가 그 행동을 멈췄다고 해도 자극을 추구하는 욕구는 사라지지 않습니다. 다만 억압될 뿐입니다. 이럴 때는 아이의 우발적인 행동이 어떤 결과로 이어질 수 있는지 계속 알려 주세요.

😀 "높은 데 올라가면 위험할 수 있어.
　혹시 떨어져서 다치면 피 나고 병원도 가야 돼."

----

② '조심성 없는 아이' '덜렁거리는 아이'라며 주의력 결핍을 지적하는 말을 삼가세요. 아이가 위축될 수 있습니다.

----

③ 사소한 감각도 알아차릴 수 있게 감각을 일깨우는 훈련을 해주세요.

아이가 어떤 대상에 대한 감정을 단순히 '좋다' '즐겁다'에서 끝나지 않게 하세요.

😀 "엄마가 이렇게 말하면 어떤 기분이니?"

😀 "이게 어떻게 좋은지 설명해 줄래?"

지금 자신이 어떤 기분이지, 대상의 어떤 면에 흥미가 생기는지 살피다 보면 자극 간의 작은 차이를 느낄 수 있게 되고, 일상에서도 여러 자극을 얻을 수 있습니다.

----

④ 자극이 삶의 활력소입니다. 공부든, 운동이든, 놀이든 하나만 계속해서 반복하는 것은 효과가 없습니다.

----

⑤ 부모의 심한 불안이 아이 행동을 지나치게 통제하지 않는지 생각해 보세요.

아이가 있는 환경에 위험 요소가 없다면 불안을 잠시 내려놓고 아이를 믿는 마음으로 안전보다는 아이와의 놀이 시간에 에너지를 더 집중하는 게 필요합니다.

위험회피형 아이

① **무조건 혼자 하는 습관을 들이려 하지 말고 아이의 불안을 자연스럽게 받아들이세요.**

위험회피형 아이는 의존 욕구가 강한 편입니다. 불안이 해결되지 않은 상황에서 혼자가 되면 아이는 다른 사람이나 대상에 전적으로 의존하려 해 오히려 독이 됩니다.

---

② **어떤 것을 필요 이상으로 두려워할 때 겁쟁이라고 놀리거나 자극하지 마세요.**

아이가 작은 자극에 과잉해서 반응하지 않고 익숙해질 수 있게 도와주세요. 공감하고 지지하는 말을 자주 하면 도움이 됩니다.

😊 "두렵구나. 하지만 네 안에는 두려움만 있는 게 아니야. 두려움을 해결할 힘도 네 안에 있단다. 누구보다 너 자신을 믿어주렴."

---

③ **두려움에 직면하려 하고 무언가에 도전할 때 성공 여부를 떠나 그 행동에 대해 감탄사나 형용사를 활용해서 적극적으로 칭찬해 주세요.**

😊 "우와 용기가 대단하네. 멋있다!"

😊 "두려움을 스스로 이겨냈구나! 대단해!"

자극추구형 · 위험회피형 기질 육아 시 잊지 마세요!

부모는 아이에게 시소가 되어야 합니다. 한쪽으로 기울어진 아이를 반대 방향에서 눌러 주어 마음의 평형을 이룰 수 있게 도와주세요. 아이 앞에서 호들갑을 떨지 말고, 최대한 담대한 태도를 유지해 주세요. 특히 부모의 바위 같은 모습은 위험회피형 아이에게 별일을 별것 아닌 일로 생각할 수 있게 도와줍니다.

Chapter. 5

기질 맞춤 육아 ④

감정형과 이성형
기질을 이해합니다

"사람이 정이 있어야지"와 "사람이 일관성이 있어야지"
가 공존할 수 있는 말일까요?

정을 중시하는 사람은 상황에 따라 판단이 달라질 수 있
습니다. 상대가 잘못하더라도 친한 사이면 쉽게 싫은 소
리를 하기가 힘들 겁니다. 반면 일관성 있는 사람은 친한
건 친한 거고, 잘못한 건 잘못한 거라고 생각합니다.

그래서 정이 많은 사람은 신뢰성이 없어 보일 수 있고, 일
관성 있는 사람은 냉정해 보일 수 있습니다. 감정이 이성
을 지배하는 감정형과 이성이 감정을 지배하는 이성형,
이들은 어떻게 다를까요?

일관성 없는 감정형
유연성 없는 이성형

첫째 딸을 키우면서 종종 '도대체 왜 내 말을 안 들을까?'라는 생각을 했습니다. 내 말대로만 하면 되는데, 내가 보내주는 학원에 다니면 되는데, 내가 말한 대로만 하면 되는데……. 아이는 계획대로 움직여주지 않았습니다. 그럼 알아서 잘하면 좋으련만, 그것도 아니었습니다. 하루는 성실했고 하루는 게을렀습니다. 종잡을 수 없는 성격이 거슬려 잔소리는 늘어날 수밖에 없었습니다.

둘째인 아들은 달랐습니다. 보내주는 학원에 갔고 공부를 미루는 법이 없었습니다. 숙제를 끝내야 놀았고, 부모가 정한 일상의 규칙에 무리 없이 순응했습니다.

딸도 아들도 똑같이 키웠는데 어디서부터 잘못된 건지 알 수 없었습니다.

딸은 무언가에 집중하면 밤을 꼴딱 새우고, 음식도 하나에 꽂히면 일주일이고 열흘이고 그것만 먹었습니다. 집중할 때는 주변을 전혀 보지 못하다가 언제 그랬냐는 듯 흥미를 잃어버리곤 했습니다. 어느 것 하나 일관성이 없었습니다. 불규칙한 생활에 관한 말다툼이 끊이지 않았습니다. 어느 순간 저는 딸의 변덕에 휘둘리며 딸에게 실망했고, 믿음을 잃어갔습니다.

실망은 말하지 않아도 딸에게 전달됐습니다. 그래서인지 딸도 변해갔습니다. 예전에는 혼을 내면 변명했지만 언젠가부터 입을 다물고 묵묵히 고개를 숙였습니다. 어떤 훈계에도 수긍하지도 저항하지도 않았습니다. 딸은 일관성 없는 자신을 사회 부적격자로 받아들이며 자존감이 낮아졌습니다. 감정적인 모습에 힘든 것은 저를 비롯한 딸의 주변인이라고 생각했는데 오히려 딸이 자신에게 가장 넌덜머리가 났다는 걸 알았습니다. 돌이켜 보니 제 기준에 딸을 맞추려고 훈계하고 바로잡으려 애썼던 지난날이 후회스럽고 미안합니다.

그때그때 자신의 감정에 따르는 딸은 감정형 기질, 계획과 규칙에 따르는 아들은 이성형 기질의 아이입니다.

저는 본래 감정형 기질이지만 엄마의 영향으로 이성형으로 살기 위해 부단히 노력했습니다. 본래의 기질인 감정형 성향을 바꾸어야 할 대상으로 인식하고 감정을 억누르며 살기 위해 노력했던 터라 감정에 충실한 딸의 모습에서 더욱 분노를 느꼈던 것 같습니다.

대부분의 **감정형** 아이는 오늘은 가뿐히 해낼 수 있던 일이 내일은 어렵습니다. 어제 피곤했던 몸이 오늘은 가뿐합니다. 감정에 따라 좌우되는 기질이기 때문에 하루하루의 능력도 조금씩 차이가 생깁니다. 그렇지만 부모는 아이의 최고의 모습만을 기억하기에 아이가 예전만큼 성과를 내지 못하면 흔히 하는 말이 튀어나오게 됩니다.

"원래 잘하는 앤데 노력이 부족해요."
"머리는 좋은데 시작을 안 해요."

집중이 안 될 수도, 어제만큼 공부가 안될 수도 있는 것인데 아이를 탓합니다.

감정형 기질 아이의 부모가 인정해야 할 것은 일관성은 생체 리듬에 의해 형성된다는 것입니다. 감정은 아이가 조절할 수 있는 게 아닙니다. 아이가 아무리 '오늘은 작은 일에 휘둘리거나 연연하지 말아야지'라고 생각한다고 조절할 수 있는 게 아닙니다. 그러니 감정형 아이의 오르락내리락하는 감정을 문제 삼지 마세요. 오히려 아이의 감정을 존중하고 조절해서 표현할 수 있게 도와주면, 아이의 기질은 창조적인 표현 능력으로 거듭날 수 있습니다.

반면 **이성형** 아이는 감정 신호보다 계획을 세우고 이를 실행하는 데 집중합니다. 이성형 아이는 느닷없는 행동을 하지 않습니다. 규칙을 따르는 것에 이의를 제기하지도 않는 편이라 이성형 아이를 교육하는 것은 그다지 어려운 일이 아닙니다. 반면 이 기질은 학업이 아니라 교우 관계에서 어려움을 겪을 수 있습니다.

이성형 기질인 제 아들도 학업에서는 갈등이 없었지만, 주위 사람과의 의사소통에서 어려움을 겪었습니다. 상대의 감정을 읽으려 하지 않기 때문입니다. 이성형 기질끼리는 그래도 나름 괜찮지만, 감정형 기질이 이성형 기질을 대할 때 섭섭함을 자주 느낄 수 있습니다. 감정형 아이가 사회의 규칙을 따르는 것에 인내와 교육을 필요로 한다면 이성형 아이는 변칙적인 상황과 감정에 대한 인내와 교육이 필요합니다.

일상에서 이루어지는 대화는 비즈니스적인 이성적 소통이 아니기에 정서 교환을 기반으로 합니다. 일상의 대화는 상대의 감정을 읽고 공감하는 것이 중심이지만, 이성형 기질은 상대의 감정 표현을 지금 상황에 맞는 것인지 아닌지 논리적으로 판단합니다. 무조건 수용하기 어렵습니다. 그래서 **이성형 기질 아이의 부모**는 아이가 '감정의 변칙성'을 받아들이도록 유도해야 합니다. 같은 상황이라도 사람마다 제각기 다르게 반응하고 행동할 수 있다는 것을 알려 주는 과정이 필요해요. 이를 위해 정서 지능을 키워주는 것이 도움이 됩니다. 클래식 음악, 문학, 미술 같이 감각을 깨워주는 예술 활동을 추천합니다. 집안에서 이러한 것들을 자연스럽게 접할 수 있게 환경을 조성해 주세요.

지속성이 필요한 아이
표현력이 필요한 아이

감정형 아이는 일정한 수준을 지속적으로 유지하는 것이 힘겹습니다. 앞서 기질은 바꿀 수 없다고 설명한 것처럼 감정형 아이에게 일관성 있게 하나를 해내기 기대하는 것은 무리입니다. 그것보다는 하나를 붙들고 끝까지 해내는 근성을 키워 '지속성'을 길러주어야 합니다.

감정형 아이의 부모는 종종 이런 생각을 합니다.

'저번엔 잘했는데 재가 왜 저럴까?'

하지만 감정형 아이의 부모는 아이의 기질을 인정하고, 아이를 믿어주며 변칙성을 대수롭지 않게 여겨야 합니다. 쉽지 않겠지만, '잘할 때도 있고, 못할 때도 있고, 집중될 때도 있고, 안 될 때도 있겠지!'라고 생각해야 합니다. 어제만큼 해내지 못 한다고 나무랄 게 아니라 어제만큼 집중이 안 되는데도 그걸 계속해서 해내고 있다는 점을 지지해 주세요. 감정형 아이에게는 칭찬도 조금 다르게 해줘야 합니다.

"잘했다, 우리 딸 기특하네. 딸은 항상 엄마를 실망시키지 않아."

이런 칭찬보다는 지속성에 관한 지지의 칭찬을 구체적으로 해주는 게 좋습니다. '잘했다', '못했다'와 같은 판단형 용어를 삼가하시고 감탄사나 형용사를 적극 활용해주세요.

"와! 끝까지 해내다니 너무 멋져! 역시 내 딸이야, 근성이 아주 대단해."

아이가 자신을 근성 있는 사람으로 정의하면 많은 것들이 달라집니다.

그렇다고 감정형 아이가 집중력이 없다는 뜻은 아닙니다. 감정형 기질은 순간 집중력이 좋습니다. 꽂혀 있을 때는 남들보다 몇 배로 과제를 잘 해냅니다. 그래서 부모는 더 헷갈릴 수밖에 없습니다. 반복해서 말하지만, 감정형 아이는 지속성이 짧습니다. 금방 지치거나 관심이 다른 데로 옮겨갑니다. 끝마무리하는 능력이 부족해 용두사미가 되기 쉽습니다. 아이가 하기 싫어서 일부러 그러는 것이 아닙니다.

만약 감정형 아이가 연이어 실수를 반복하거나 진도가 나가지 않는 모습을 보인다면 한 박자 쉴 수 있게 도와주세요. '일관성이 없다' 혹은 '네 멋대로구나!'라는 식으로 능력의 부재를 꾸짖거나 인성을 판단하지 마세요.

아이가 집중하지 못할 때는 차라리 다른 행동으로 전환해 주의를 환기하게 시켜야 합니다. 이때 부모가 아이의 지속성을 키워 주려는 욕심에 무작정 자리에 앉히는 것은 좋지 않습니다.

"엄마랑 약속했잖아. 일단 할일을 끝내. 그래야 쉴 수 있어!"

무조건 억압하는 것으로 기질을 바꿀 수 없습니다. 오히려 기질의 장점을 약화하는 역효과를 내기 쉽습니다.

아이가 한눈을 팔거나 산만한 모습을 보인다면 현재 눈앞에 놓인 과제에 대한 집중력이 모두 소멸했기 때문입니다. 휴식이나 놀이를 통해 에너지를 충전하고 다시 과제를 하면 됩니다.

"네가 좋아하는 아이스크림 하나 먹고 이어서 할까?"

"잠깐 놀이터 다녀와서 같이 완성해볼까?"

함께 산책하거나 게임을 해서 기분 전환을 시켜 주세요. 단, 10~15분 내외로 시간을 제한하는 게 좋습니다. 휴식 시간이 길어지면 다시 과제에 집중하기가 어려워지니까요. 중요한 건 다시 제자리로 돌아와서 처음의 목적을 완수하는 겁니다. 또한 자칫 아이가 이거 조금, 저거 조금 건드리다 샛길로 빠질 수 있으니 부모가 길잡이 역할을 해줘야 합니다. 아이도 자신이 계속 집중을 못 하면 속상합니다. 부모가 옆에서 아이가 페이스 조절을 잘 할 수 있게 코칭해 주세요.

감정형 기질인데 성취욕이 강한 아이가 있을 수 있습니다. 이런 아이들은 집중력이 떨어졌다는 것을 인정하지 않고 눈앞의 과제에 매달리게 되죠. 그리고 어제와 같은 성과를 내지 못하는 자신에게 좌절할 수 있습니다. 감정형 아이가 좌절을 실패로 여기지 않도록 부모는 아이가 자기효능감(자신이 어떤 일을 성공적으로 수행할 수 있는 능력이 있다고 믿는 기대와 신념)을 잃지 않게 환경을 조성해 줘야 합니다. 빠르게 걷든 느리게 걷든 목적지에 도달하는 게 중요하지 속도가 중요한 게 아니란 걸 알려 주세요. 속도에 집착하는 아이는 쉽게 지치고 포기합니다. 페이스 조절을 해야 끝까지 달릴 수 있습니다. 일찍 끝내든 늦게 끝내든 과제를 완수했다는 결과는 같습니다. 빨리 해내는 것보다 끝까지 포기하지 않는 게 멋진 거라고 말해 주세요.

감정형 아이를 키우는 부모는 이성형 아이의 부모를 부러워합니다. **이성형** 아이는 규칙에 순응하고 지켜야 할 일에 의문을 제기하지 않으니까요. 그러나 모든 일에는 양면성이 있는 법입니다. 이성형 기질의 아이는 규칙에서 벗어난 돌발적 사건이 발생했을 때 대처하는 속도가 늦을 수 있습니다. 일정이 변경되거나 부모가 말을 번복하는 등의 갑작스러운 변화가 생겼을 때 이를 수용하는 순발력이 부족합니다. 바뀐 상황에 대처하려 하기보다, 상황이 바뀐 이유를 알고 싶어 합니다.

이성형 아이는 자신의 감정을 따르기보다 정해진 규칙을 잘 지키고 계획을 세우고 이를 실행하려 노력하는 성향이 강하므로, 상대의 행동을 자신의 기준에 맞게 판단하고 비난하기도 합니다. 지각하거나, 약속을 어기는 사람들에게 분노하죠. 그리고 자신이 생각했을 때 그 이유가 타당하지 않다면 상대가 이기적이거나 게으르다고 생각합니다. 이에 이성형 기질의 아이를 '융통성 없다' '말이 안 통한다'라고 판단하기 쉽습니다.

의사소통에 어려움을 겪는 이성형 아이가 사람들과 지속적으로 관계를 맺기 위해서는 '정해진 기준'에서 보다 자유로워져야 합니다.

상대에 대한 포용력이 있어야 자기 자신에게도 관대해질 수 있습니다. 그러니 아이가 머리로 사람을 만나지 않고 가슴으로 만날 수 있게 도와주세요.

이분법적 사고로 사람을 판단치 않고 경멸하거나 비난하는 어조의 위험성을 알려 주세요. 상대와 계속 관계를 이어나가고 싶다면 자신의 실망과 슬픔을 드러낼 수는 있어도 상대를 무작정 비난해서는 안 됩니다. 자신을 '나쁜 사람' '게으른 사람' '이기적인 사람'으로 취급하는 사람과 관계를 이어나가고 싶어 하는 사람은 없으니까요. '이럴 수도 있고, 저럴 수도 있고'의 용인 범위를 늘리는 것이 사회성을 키우는 방법입니다.

상황에 따라 변화하는 감정형
원리원칙을 따라가는 이성형

이성형 아이는 감정형 아이보다 규칙에 대한 수용 능력이 탁월합니다. 규칙의 옳고 그름을 알아서가 아니라 규칙에 대한 신뢰가 있어 이성형은 규칙에 순응합니다.

　감정형은 감정이 롤러코스터처럼 이랬다저랬다 하기에 일관되게 규칙을 지켜나가는 것을 어려워합니다. 매일 아침 8시까지 학교에 가는 게 이성형보다 감정형 아이에게 어려운 이유입니다. 대신 **감정형** 아이는 변화된 상황, 돌발 상황에 대한 대처 능력이 이성형보다 좋습니다. 물론 감정형 아이도 약속이 깨지면 분노합니다. 하지만 다른 보상을 통한 감정 전환이 가능합니다. '약속'을 지키는 것보다 즐거운 '기분'을 우선시하기 때문입니다. 자신이 더욱 즐거울 수 있는 방향으로 사고를 전환합니다.

유연성 있는 태도는 예상치 못한 사고나 갈등 상황에서 도움이 됩니다. 그러나 일상생활을 영위하고 지속성 있는 삶을 위해서는 감정 통제력이 필요합니다. 따라서 감정형 아이에게는 감정을 참고 규칙에 순응하는 것에 대한 보상이 지속해서 공급되어야 합니다. 아이의 '좋다'는 감정을 끌어올릴 수 있는 자극들을 기억해두고, '싫다'라는 감정을 이겨냈을 때 '좋다'는 감정과 관련된 정서적 보상을 주어야 합니다. 아이가 좋아하는 음식을 해주거나 함께 놀아주는 등의 행위가 이에 속합니다. 싫은 감정을 이겨내고 규칙을 준수한 뒤에 주어지는 보상으로 감정을 통제하는 능력을 키워나갈 수 있습니다.

반면에 **이성형** 아이는 규칙이 깨지는 것을 액면 그대로 받아들이지 않습니다. 그 이상의 의미를 부여합니다. 약속이 지켜지지 않으면, 보상이 제대로 이루어지지 않으면, 행복을 보장받지 못한다고 느낍니다. 그리고 잘 지키고 있던 다른 규칙에도 의문을 품게 됩니다.

'숙제 끝내면 정말 놀 수 있을까?'

'왜 수학 시험 성적이 90점이 넘었는데 엄마는 나를 놀이공원에 데려가지 않을까?'

부모 관점에서는 교육을 위해 뱉은 사소한 약속이지만, 이들에게
는 세계관을 규정지을 대사건이 됩니다. 따라서 이성형 아이를 대하
는 데 있어 부모는 '납득'에 중점을 둬야 합니다. 아이에게 무조건적
인 이해를 바라지 말고 귀찮더라도 아이가 납득이 가게 설명해 주어
야 합니다. 부모는 이성형 기질의 아이가 세상에 대한 신뢰를 잃지
않게 도와야 하는 책임이 있습니다.

감정형을 설득할 때는 마음을, 이성형을 설득할 때는 논리를 이용해라

초등학생 형제가 집단 미술 수업을 하러 왔습니다. 형은 수업에 전혀 집중하지 못했습니다. 미술에 흥미가 없었고 어떤 과제를 내줘도 금방 끝내버리고 여기저기 돌아다녔습니다. 동생은 수업을 하는 내내 집중력이 좋았습니다. 다른 데 신경 쓰지 않고 오로지 자신의 작품에만 몰두했습니다. 수업 마지막 날, 수업 만족도에 관한 설문지를 나눠주었는데, 놀랍게도 형은 수업에 대한 만족도를 100점으로 적었고, 동생은 기본 점수를 적었습니다. 처음에는 이해가 되지 않았지만 둘의 기질을 파악하고 나니 고개가 끄덕여졌습니다.

형은 감정형 기질이었습니다. 감정에 충실하므로 미술을 좋아하지 않아도, 이곳에서 만난 사람들과의 관계가 즐거웠기에 높은 점수를 준 것입니다. 목적은 사람에 따라, 상황에 따라 변화할 수 있습니다. 형은 미술을 목적으로 왔지만, 이곳에서 자신이 좋아하는 사람들과 교류하는 것에 가치를 두었던 겁니다.

동생은 이성형 아이였습니다. 그 아이가 수업에 열심히 참여했던 이유는 미술을 좋아해서도, 선생님을 좋아해서도 아니었습니다. 단지 해야 할 일, 계획에 집중했던 것이었습니다. 즉, 그 점수는 의무를 수행하는 것 그 이상에 가치를 두지 않고 준 것이었습니다. 사실 아이는 미술보다는 집에서 유튜브를 보고 싶었다고 합니다. 다만 엄마가 미술 수업을 하고 오면 TV로 유튜브를 볼 수 있게 해줘서 열심히 다녔던 겁니다.

위 사례는 감정형 기질과 이성형 기질의 차이를 잘 보여줍니다. 감정형 아이를 잘 키우기 위해서는 아이의 감정을 움직이는 것이 효과적이며, 이성형 아이는 논리에 초점을 두어야 한다는 교훈을 얻을 수 있지요.

그렇지만 대부분의 부모가 아이의 기질과는 상관없이 합리적인 관점으로만 아이를 설득하려고 합니다. **이성형** 아이라면 문제가 없지만, **감정형** 아이는 합리적이지 않습니다. '학원에 유명한 선생님이 있어'라는 식의 설득은 통하지 않습니다. 학원에 자기가 좋아하는 친구나 선생님이 있어야 합니다. 아무리 유명한 학원이라도, 감정이 동하지 않으면 가도 성과를 내지 못합니다. 아이 마음이 동하는 곳으로 보내야 합니다. 아이의 열의가 살아날 수 있는 곳이 좋은 학원입니다. 감정형 아이는 감정(기분)이 좋으면 집중도가 높아집니다.

반대로 **이성형** 아이는 규칙을 지키거나 욕구를 참고 행동할 때 따르는 보상에 대해 논리적으로 설명하는 것이 효과적입니다.

"○○학원에 다니면 의사가 될 수 있단다"
"연습을 매일 계속하면 분명 네가 원하던 세계적인 축구선수가 될 수 있을 거야"

이처럼 어떤 행동이 어떤 결과로 이어진다는 것을 알려주는 게 중요합니다. 이성형 아이는 자신의 행동에 예상되는 좋은 결과가 기다리고 있다면, 그 시간을 참아내는 것이 어렵지 않습니다.

이성형과 감정형이
함께 살아가는 방법

감정형 아이는 자신이 오감으로 '느끼는 것'을 표현하고, **이성형** 아이는 자신이 '사고하는 것'을 표현합니다. 아이들이 이야기하는 것을 가만히 들어보면 **감정형** 아이는 말을 할 때 다양한 억양을 쓰지만, **이성형** 아이는 대화할 때 조곤조곤하게 주제의 초점을 맞추어 얘기하는 것을 볼 수 있습니다. **감정형** 아이는 기분이 확 좋았다가 확 나빴다가 하므로 말소리가 크고 높아지며, 때로는 전혀 예상하지 못한 말이 튀어나오기도 합니다.

감정이 그대로 드러나는 탓에 이성형 아이의 눈에는 종종 감정형 아이가 부담스러워 보일 수 있습니다. 이성형 아이 입장에서 과하다고 느껴지는 행동이 감정형 아이에게는 자연스럽습니다. 그러니 감정형 아이를 '오버한다' '과하다'라고 표현하면 안 됩니다. 사람마다 제각기 자연스러운 모습이 다르다는 것을 인정해야 합니다. 감정형 아이는 본인이 다양한 감정을 느끼고 이에 따라 행동하다 보니 상대적으로 다른 사람의 감정에 대한 이해도가 높고 변칙적인 행동도 융통성 있게 받아들일 수 있습니다. 다양한 사람과의 사귐이 가능한 친화적인 성격입니다.

이성형 아이의 눈에는 규칙을 지키지 않는 사람이 자기중심적이거나 이기적으로 비칠 수 있습니다. 부모든 친구든 그들의 잣대는 한결같습니다. 사람마다 잣대를 다르게 두지 않습니다. 모두에게 같은 잣대를 두고, 상식을 벗어나는 행동은 이해할 필요 없이 수정되어야 한다고 여깁니다. 사람은 각자 처한 상황과 나이에 따라 책임져야 할 행동도 달라지므로 사회생활을 하려면 유연성과 창조성이 필요합니다. 모두가 자신의 행동에 책임질 줄 알고 자아비판 하는 태도를 가지고 있는 세계는 유토피아에서나 가능합니다. 그래서 이성형은 나이가 들수록 사람에 대해 회의적 태도를 보이게 됩니다.

이성형 아이는 상대방이 체계를 지키지 않는 것이 부정한 의도로 생긴 일이 아니란 걸 인지해야 합니다. 사람들의 실수를 용인할 수 있어야 자신에 대해서도 너그러워지고 여유가 생깁니다. 심지어 이성형 아이는 부모도 규칙을 지키지 않으면 잘못했다고 말해야 한다고 생각합니다. 그래서 부모 입장에서는 이성형 아이가 버릇없어 보일 수 있고, 아이의 기를 누르려 할 수 있습니다. 권위를 앞세워 아이의 주장을 무력화시키는 겁니다.

"엄마, 오늘 왜 약속 안 지켰어? 7시까지 와서 나랑 놀아주기로 했잖아."
"엄마가 일이 있어서 늦었어, 너는 늦을 때 없니? 그리고 엄마가 실수할 수도 있지. 그걸 가지고 꼬치꼬치 따져야겠니?"

이런 식으로 아이의 태도를 지적하는 겁니다. 이는 아이의 질문을 비난으로 인식해서 나오는 태도입니다. 아이의 말을 단순한 궁금증으로 받아들여야 아이의 신뢰를 잃지 않을 수 있습니다. 부모의 날선 태도는 아이를 긴장하게 하고 솔직하지 못하게 만듭니다.

아이는 부모에게 부정적인 감정이 생기면, 옳은 말에도 반감이 생깁니다. 부모를 이기려 들고 부모는 아이를 저지하는 데 안간힘을 씁니다. 모두가 불행해지는 힘겨루기가 시작됩니다. '질문'에 '질책'으로 답하는 것만큼 못난 모습이 없습니다. 만약 아이가 약속을 안 지킨 부모에게 화가 나 있다면 이렇게 물어 봐 주세요.

"무조건 참지 말고 어떤 부분에서 네가 그렇게 화가 났는지 알려줄래? 네가 이야기해 주지 않으면 엄마는 네 기분을 알 수가 없어."

이성형은 대게 자신의 감정에 둔감하고 무의식적으로 감정을 억누르려고 하는 경향이 있습니다. 따라서 부모가 적절하게 아이의 감정 배출을 도와야 합니다.

이성형은 감정을 배출하기 전에 자체 검열합니다.

'내가 지금 엄마한테 화내도 되나?'

감정 표현에 시간이 걸리고 소극적일 수밖에 없습니다.

감정은 배설해야 순환됩니다. 표출되지 않은 감정은 변비처럼 쌓여 독소가 됩니다. 감정 순환은 정신 건강뿐 아니라 신체 건강에도 영향을 미칩니다. 쌓인 감정은 몸을 무겁게 만들고 피로감과 짜증을 유발합니다. 이성형 기질의 아이들은 예민해지기 쉬운데 그때그때 자기 감정을 인식하고 표현하지 않기 때문입니다. 분노나 실망 등 느낌과 감정을 건강하게 표현할 수 있어야 합니다.

이성형 아이가 감정에 옳다, 그르다를 판단해 잣대를 세우지 않고 당장 자신의 기분이 어떤지 내가 어떻게 하고 싶은지 표현할 수 있게 도와주세요. 감정을 배출하는 행위만으로도 문제는 가벼워지거나 해결될 수 있습니다. 사람과 건강한 관계를 지속해나가기 위해서는 감정은 배출되고 순환되어야 합니다.

감정형과 이성형 아이 맞춤 육아

감정형 아이는 '일관성'보다 '지속성'을 키우는 데 중점을 두세요. 감정 진폭이 크고 어제와 오늘의 집중력이 다른 것은 부모가 해결할 수 있는 부분이 아닙니다. 아이도 자신의 감정 변화에 스트레스를 받습니다. 조급함을 느끼지 않고, 여기저기 기웃대도 제자리로 돌아와 해낼 수 있다는 믿음을 가질 수 있게 길잡이가 되어 주세요.

이성형 아이는 감정을 표현하기 전에 내가 이 감정을 표현해도 되는 상황인가 판단하기 때문에 무의식적으로 감정을 억압합니다. 이런 기질적 성향으로 인해 감정을 마주하는 순간을 계속 피하다 보면 나중에는 자신의 감정을 모를 수 있습니다. 감정을 인식하고 마음껏 표현할 수 있게 부모의 도움이 필요합니다.

감정형 아이

① '변덕스런 아이' '일관성 없는 아이' '지구력 없는 아이' 등의 표현을 삼가세요.

② 아이의 기복을 책망하지 말고 아이가 해내고 있는 성과에 집중해 주세요.

예를 들어 아이가 일찍 일어나기 바란다면 늦게 일어난 날 질책하지 말고 아이가 일찍 일어났을 때 적극적으로 지지해 주세요.

😀 "어제는 일찍 일어나더니 오늘은 도로 아미타불이네." (✕)

😀 "피곤할 텐데 일찍 일어났네, 의지가 대단하다. 역시 한다면 한다니깨" (○)

아이의 행동 속에 숨겨진 욕구를 찾아내 칭찬해주면 아이도 더욱 끈기 있게 과제를 달성하려 노력하게 됩니다. 부모가 자신의 노력을 알아줄 때 아이는 티 내지 않아도 기쁩니다.

③ 감정을 참은 것에 대한 보상을 주며 인내심을 길러 주세요.

추상적인 보상이 아니라, 아이가 원하는 눈앞의 보상으로 감정 통제력을 키워 주세요. 인내심을 길러야 길을 잃지 않고 나아갈 수 있습니다.

😀 "수학 학원 갔다 오면 친구 불러서 같이 놀아."

😀 "영어 학원 과제 다 하면 네가 좋아하는 로제 파스타 만들어 줄게."

단, 게임으로 보상을 한다면 한 번에 한 시간 이상 하게 두지는 마세요. 미디어 중독으로 빠질 위험성이 있습니다. 시간이 아니라 횟수를 늘려 보상을 강화하면 됩니다.

① '답답한 아이' '융통성 없는 아이' '고지식한 아이' 등의 표현을 삼가세요.

② 아이와의 약속을 어기거나 잊은 후, 무조건 이해를 바라지 말고 납득이 가게 설명을 해주세요.

③ 사람을 흑백논리로 단정 짓지 않게 이해의 폭을 넓혀 주세요.

상대 행동의 옳고 그름을 자의적으로 판단하지 않고 상대와 대화하며 소통할 수 있게 교육해 주세요. 친구가 약속을 지키지 않아 화가 났다면

😊 "친구가 너랑 약속한 걸 까먹었구나. 너와의 약속이 소중하지 않아서가 아니라 다른 사정이 있었을 수도 있으니 직접 왜 그랬는지 물어보자."

이렇듯 아이가 상대방의 행동을 속단하지 않고 친구에게 자신의 속상함을 전하고, 무슨 일이 있었는지 직접 물어볼 수 있게 해주세요. 상황에 따라 약속이나 행동이 변할 수 있다는 것을 이해시켜 주세요.

④ 다양한 인간상을 접할 수 있는 책과 영상 매체를 적극적으로 활용하세요.

다양한 인간군상과 문제 상황, 변칙적 상황을 간접 체험 함으로써 아이가 사람의 행동을 이해하는 폭이 넓어질 수 있어요.

Chapter. 6

기질 맞춤 육아 ⑤

타율형과 자율형 기질을 이해합니다

"애가 참 순하네, 말을 잘 들어서 부모 속 안 썩이겠어."
이런 칭찬은 부모를 흐뭇하게 합니다. 말을 잘 듣는다는
건 교육이 잘 된다는 것, 부모와 아이가 싸울 일이 별로 없
다는 것을 뜻하니까요. "너는 왜 앞에서만 알았다고 하고
뒤돌아서면 까먹어? 엄마가 한 말 들은 거 맞아?" 부모에
게 이런 말을 자주 듣는 아이는 주변에서 "부모 속 꽤나 썩
이겠네"라는 걱정을 늘어놓을 겁니다. 교육이 안 된다는
얘기니까요. 그렇지만 말을 잘 듣는 게, 곧이곧대로 시키
는 대로 하는 게 아이의 독립심이나 생존력을 키우는 데
도움이 될까요?
누가 뭐라고 하든 마음이 시키는 대로 행동하면 궁극적
으로 자기가 원하는 대로 인생을 설계해나갈 수 있지 않
을까요? 세상을 신뢰하는 타율형과 자신을 신뢰하는 자
율형, 이들을 어떻게 맞춤 육아해야 할까요?

타인에게 의존하는 타율형
자신에게 의존하는 자율형

두 아이가 산을 걷고 있다고 가정해보겠습니다. A는 선생님이 지도하는 길을 따라가고 B는 험하고 가파른, 길이 없는 곳으로 올라갔습니다. 선생님이 물었습니다.

"어떤 이유로 이 길을 선택했니?"

A : 선생님이 여기로 가니까요.

B : 이 길이 더 빠르니까요.

A는 더 빨리 가는 길을 몰랐을까요? B가 A보다 더 똑똑할까요? B는 선생님 말씀을 안 듣는 아이일까요? 아니면 자기 주장이 강한

걸까요?

이 모든 질문에는 각각 질문자의 편견이 개입되어 있습니다. 사실 A도 선생님이 가는 길 말고 빠른 길을 발견했을 수 있고, B도 선생님 말씀은 들었지만, 도착지로 가기만 하면 된다고 생각했을 수 있으니까요. 사실 A는 선생님을 따라갈 때 안심이 되고, B는 빠른 길로 가고 싶을 뿐입니다. A는 길을 잃는 것이 두렵고 B는 시간을 낭비하는 게 싫은 거죠. 각자의 불안과 욕구가 다른 것입니다.

A, B 두 아이 중 B는 **자율형** 기질의 아이일 가능성이 큽니다. 직관적이고 감정의 판단이 빠릅니다. 자신의 마음을 잘 알기 때문에 마음이 동하지 않는 것에 몰두하기 어렵습니다. 반대로 A는 **타율형** 기질일 가능성이 큽니다. 자신의 마음을 잘 몰라서 타인에게 의지하고 그들이 제일 나은 선택을 주리라 믿습니다. 타율형 기질 아이들은 자신을 확신하기 어려워 상대가 자신의 불안을 대신 해결해주기 바랍니다.

그런데 어린아이들 중에는 종종 "내가 알아서 할 거야!"라고 말하면서도 중요한 순간에 누군가에게 의지하는 아이나 "엄마가 알아서 해줘"라고 말하다가도 결정적인 순간 제멋대로 행동하는 아이가 있습니다. 자율형인 것 같다가도 타율형인 것 같고, 타율형인 것 같다가도 자율형 기질 같아서 아리송합니다. 이처럼 자율형인지 타율형

인지 헷갈리는 아이가 있다면 결정적인 순간 아이의 행동을 관찰해 보세요.

자율형과 타율형 기질은 평소 모습이 아니라 결정적인 순간에 대처하는 아이의 행동으로 판단합니다. 따라서 자율형 기질인지 타율형 기질인지는 아이가 직접 의사결정을 내릴 수 있는 나이가 되어야 알 수 있습니다. 어른이 주는 대로 먹어서, 또는 강요하지 않아도 학원을 곧잘 다니니까 우리 아이는 앞으로도 말을 잘 들으리란 보장은 없다는 뜻이지요.

인지 능력은 무(無)에서부터 성장하는 것입니다. 감각과 감정이 뚜렷해지고 결정력이 생길수록 부모의 말에 무조건 순응하기 어려워진다는 점을 잊지 마세요.

남 탓하는 타율형
자책하는 자율형

자율형과 타율형 아이는 문제가 생겼을 때 대처하는 방법도 다릅니다. **타율형** 아이는 부모 말을 잘 듣는 편입니다. '학생은 용모 단정해야 한다' '어른을 보면 인사를 해야 한다' 같이 모두가 따르는 통념이나 법칙에 의문을 제기하지 않습니다. 정해진 길을 따르면 행복이 기다리고 있으리라 믿습니다. 그런데 만약 길이 여러 갈래가 되었을 때나 불의의 사고가 일어났을 때 타율형은 혼란에 빠집니다. 또한 자신의 선택이 부정적 결과로 이어지면 부모나 남을 탓할 수 있습니다. 시키는 대로 한 자신에게는 잘못이 없다고 생각합니다.

"엄마가 추천한 대로 했잖아?"

"시키는 대로 했는데 왜 이래? 다 엄마 때문이야!"

맞는 말이죠. 하지만 부모의 권유와는 별개로 선택과 책임은 오롯이 자신의 몫입니다. 그러니 타율형 아이가 부모 탓을 했을 때 아이 감정을 달래주기 위해서 미안하다고 말하지 마세요. 엄마가 말했든 누가 말했든 선택에 대한 책임은 아이 자신에게 있습니다. 아이가 성장하면 할수록 자신의 선택에 따른 결과에 대해 누구도 대신 책임져 주지 않습니다.

타율형 아이의 부모는 아이가 어떤 문제에 대해 조언을 구하기 전까지는 주도적으로 부모가 나서서 문제를 해결하면 안 됩니다. 자신도 선택을 할 수 있고 그 과정에서 좋은 선택도 나쁜 선택도 있다는 걸 배워나가야 합니다. 성공에서도, 실패에서도 배움은 존재합니다. 부모는 아이가 좋아하는 선택을 할 수 있게 돕기보단 실수에 연연하지 않게 도와야 합니다. 그것이 사회에서의 적응력과 자기존중감을 키우는 방법입니다. 실수했다고 땅굴 파고 들어가지 않게 거듭된 실수가 성공을 만든다는 것을 알려 주세요. 능력은 경험을 통해 찾아나가는 것입니다. 그리고 잘못된 선택도 언제든 바로잡으면 더 좋은 방향으로 나아질 수 있다는 걸 알려 주세요.

그럼 다 같은 미숙한 어린아이인데도 왜 자율형 아이는 순응하는 게 어려울까요? **자율형** 아이는 자기 안의 마음속 목소리가 너무 잘 들리기 때문입니다. 이런 물음이 자율형 아이를 계속해서 따라다닙니다.

'이게 정말 내가 원하는 걸까?'

보통 아이가 말을 잘 듣지 않으면, 어릴 때는 순했다거나, 주는 대로 먹었다거나, 학원을 곧잘 다녔다거나 하는 기억 때문에 '사춘기가 일찍 왔나? 반항이 시작된 건가?'라고 생각하는 부모님이 종종 있습니다. 그러나 무조건적으로 반기를 드는 게 아니라 뚜렷한 주관을 내세우는 거라면 이는 반항심에서 비롯된 행동이 아닙니다. 아담과 이브가 선악과를 먹고 난 후 새로운 세상이 펼쳐진 것처럼, 이들도 내면의 목소리가 들리기 시작하면 그전으로는 돌아갈 수 없습니다. 자율형 아이가 부모의 충고를 잊어버리거나 무심한 태도를 보인다고 해서 반항한다고 단정 짓고 혼내거나 강요하지 마세요.

사실 저도 아이가 반항한다고 생각하는 부모들 중 한 명이었습니다. 제 딸은 자율형 아이입니다. 교우 관계는 좋았지만, 학교 가는 것은 싫어했습니다. 아침마다 배탈이 났고 지각이 잦았습니다. 그러나 성인이 되고 자유로운 생활이 가능해지자 거짓말처럼 배탈이 없어졌습니다. 가고 싶지 않은 학교에 가서 규율에 따르는 것이 아이에게는 큰 스트레스였던 겁니다. 타율형에 가까운 저는 딸의 그런 모습을

174

보며 고집이 세고 자기중심적이라고 생각했었습니다. 기본적인 규칙인데도 거기에 스트레스를 받고 배가 아픈 게 이해가 안 됐습니다. 그러나 딸은 10년 넘게 아픈 배를 움켜쥐고서도 학교에 꼭 갔습니다. 가고 싶지 않은 곳에 가고 입고 싶지 않은 교복을 입으며 버텼습니다. 딸이 정말 자기중심적이었다면 아무리 부모가 강요했다고 하더라도 진즉 학교를 그만뒀을 것입니다. 제 딸은 학교의 불필요한 규칙에 볼멘소리를 늘어놓으면서도 무탈하게 졸업했습니다. 결과적으로는 다행이라고 생각하고 있지만, 그동안 어린 딸이 겪었을 고민과 아픔을 떠올리면 지금도 가슴이 아릴 때가 있습니다. '그때 내가 도움을 줄 수도 있었을 텐데, 나라도 아이를 보듬어줄 수 있었을 텐데' 하는 후회의 마음이 들곤 합니다.

저는 집안 형편상 예술 교육을 어릴 때 받지 못했습니다. 뒤늦게 스물두 살이 되어서야 예술 대학에 들어갔으나 실기 미술에 항상 부족함을 느꼈습니다. 그래서 '미술 조기 교육을 받았다면 내가 원하는 작품을 표현할 수 있을 텐데…'라는 아쉬움이 컸습니다. 내가 받지 못한 교육을 아이에게 시켜주고 싶었습니다. 훗날 환경 탓을 하지 않기 바랐습니다. 딸이 먼저 학원에 가겠다고 한 적은 없었지만, 저는 여러 사람에게 자문해 좋은 미술학원을 찾아 보냈습니다. 제 노력에도 불구하고 딸은 얼마 지나지 않아 학원을 그만두었습니다. 그런 일이 반복해서 일어났습니다. 나는 꿈도 못 꿨던 좋은 학원에 보내주는데도 자꾸만 엇나가는 딸 때문에 화가 났습니다. 그러나 어느 순간 정신을 차려보니 학원을 가지 않으면 속상한 것은 나지, 딸이 아니었습니다. 딸을 나와 분리하여 보지 못한 까닭입니다.

저처럼 제 딸이 미래에 엄마 탓을 할까 걱정할 필요도 없었습니다. 자율형 아이는 남 탓을 하지 않으니까요. 자율형 기질은 '왜 나는 가난한 집에서 태어났을까?'라고 생각하지 않습니다.

'왜 더 노력해보지 않았을까?'

이렇게 자책할 수는 있습니다. 그들은 자신에게 질문하고 책임을 묻습니다. 남 탓도 남을 믿어야 할 수 있는 겁니다. 또한 자율형은 자신이 틀릴 수 있다는 걸 직접 깨달아야 주위를 보기 때문에 선택을 지지해 주어야 합니다. 무턱대고 바른길로 이끄는 게 답이 아닙니다. 혼자 해결할 수 있는 문제만 있는 게 아니고 함께 풀어야 하는 문제도 있다는 걸 스스로 깨달아야 합니다. 자율형은 자기 행복을 사회적인 기준에서 평가하지 않습니다. 남들이 봤을 때 좋은 조건에 놓여 있어도 본인은 괴로움을 느낄 수 있으니 일단 내버려 두어야 합니다. 아이가 넘어졌을 때, 허둥거리며 부모 손을 원할 때 내밀어야 합니다. 상대의 도움이 필요할 때 '도와줘'라고 말할 수 있는 아이로 키워주세요.

신뢰의 대상이 다른
타율형과 자율형

타율형 아이를 키우는 건 어렵지 않습니다. 그들은 스스로 의사결정하기 보다는 윗사람을 신뢰합니다. 부모가 위험하니 밤에는 나가지 말라고 하면 그 아이들은 나가지 않습니다. 숙제 끝나고 놀라고 하면 그들은 놀기 위해 숙제를 하러 갑니다. 다만, 목표나 방법을 본인이 자율적으로 정한 게 아니기 때문에 힘들다 싶으면 바로 포기하기도 합니다. 이런 약점을 보완하기 위해 타율형 아이의 부모는 아이가 무조건 윗사람의 말에 수긍하고 따르기 전에 자신의 욕구를 먼저 들여다 볼 수 있게 성장시켜야 합니다.

자율형 아이 부모는 항상 걱정입니다. 제발 좀 가만히 있으면 좋으련만 어느 곳 하나 붙어 있지 않고, 말도 없이 여기저기 돌아다니니 눈을 뗄 수가 없습니다.

"봐봐, 엄마 말 안 듣고 가니까 또 넘어지지."
"엄마가 하라는 대로 했으면 문제없었잖아."

자율형 기질은 자신이 무엇을 원하는지 너무 잘 알고 누구보다 자신을 신뢰합니다. 그래서 어른들한테 자주 혼나는 건 물론이고, '말 안 듣는 아이' '제멋대로인 아이'라는 수식어가 항상 붙습니다.

특히 **타율형 기질인 부모**는 더욱 자율형 아이를 신뢰하기 어려워합니다. 자율적으로 키우고 싶어도 자꾸 잔소리하고 아이를 통제하게 됩니다. 하지만 이런 상황은 자신의 불안을 아이에게 전가하는 행동입니다. 타율형 기질의 부모라면 자율형 아이에게 일어나지도 않은 사건으로 두려움을 심어주는 말과 행동을 하기 쉬우니 주의하세요.

부모가 뭐든 자신의 의지대로만 통제하려 들면 아이를 신뢰하지 못하는 겁니다. 자신의 의견이 옳다고 믿고, 아이가 잘못된 선택을 할 거라고 믿는 겁니다.

이런 실망감이나 불신은 말하지 않아도 아이에게 전달됩니다. 부모가 아이의 선택을 번번이 꺾으면 스스로에 대한 신뢰를 잃어갑니다. 예전의 거침없었던 태도는 사라지고, 방황이 시작됩니다. 부모 말대로 하자니 짜증이 나고, 내 뜻대로 하자니 마음이 불안합니다. 자기 자신에 대한 신뢰가 무너지는 것이죠.

그러니 자율형 아이의 담대함을 귀중하게 여기고 인정해 주세요. 넘어질까 두려워하지 않고 걸어가는 아이의 담대함을요. 망설임 없이 걷는 아이는 넘어지는 것을 대수롭지 않게 여깁니다. 툭툭 털고 일어나 다시 걸어가면 된다고 생각합니다. 이렇게 성장한 아이는 자존감은 물론 사회 적응력과 회복력에서 다른 사람들과 큰 차이를 보입니다.

반대로 아이가 다치는 것에 호들갑을 떨면 아이는 뭔가 실수했다는 좌절감과 함께 엄마를 걱정시켰다는 죄책감에 시달립니다. 그리고 선택이 필요한 순간마다 부모 눈치를 보게 됩니다. 아이의 죄책감을 자극하지 마세요. 아이의 용기를 응원하세요. 별일도 별일 아니라는 담대한 태도로 아이를 일으켜 주세요.

나를 신뢰하고
세상을 신뢰할 수 있다면

자율성과 타율성은 둘 다 세상을 살아가는 데 필요한 능력입니다. 자신이 무엇을 원하는지도 알아야 하고, 세상의 통념이나 법칙을 따를 줄도 알아야 합니다. 인간은 개인이면서 사회의 일원이니까요. 즉, 자율형 기질은 규칙과 예의에 순응할 수 있는 타율성을 배워야 하고, 타율형 기질은 자신의 마음속 목소리를 듣고 용기 내 행동할 수 있는 자율성을 배워야 합니다.

자율형, 타율형 아이의 부족한 능력을 부모가 어떻게 채워주면 좋을까요?

자율형 기질의 아이와 도통 대화가 안 된다는 이유로 상담소를 찾은 **타율형 기질의 엄마**가 있었습니다. 남자아이는 아홉 살, 엄마는 전업주부라서 아이 교육에 모든 열정을 쏟고 있었습니다. 엄마는 자신이 부모 말에 반항하지 않고 성장해서 아이가 자신의 말을 듣지 않는 것을 곤혹스러워했습니다.

아이는 자신이 원하는 것을 엄마가 해주지 않고 구속한다고 답답하다고 말하며 엄마 얼굴만 보면 짜증이 난다고 말했습니다. 대단히 자율적인 이 아이는 옳은 말이라도 남이 시키는 대로 행동하는 것 자체에 불쾌감을 느꼈습니다.

저는 엄마에게 아이가 말을 따르고 나면 무조건적인 애정과 아이가 원하는 보상을 주라고 했습니다. 예를 들어 한 달 동안 학원을 꾸준히 다니면 친구네 집에 놀러 가서 파자마 파티하고 놀 수 있게 해주거나 친구를 집에 초대하게 해주는 식이었습니다. 그리고 매일 아침 정해진 시간에 일어나 등교하는 것을 힘들어하기에, 아이가 좋아하는 애니메이션 음악을 기상 음악으로 틀어주라고 했습니다. 전날 아이에게 내일 먹고 싶은 음식이 무엇인지 묻고 아침에 제시간에 일어나면 그 음식을 해주도록 했습니다.

아침에 일찍 일어나는 것에 의문을 제기하던 아이는 이후 차츰 일찍 일어나게 되었습니다. 규칙을 지킨 후 즐거운 보상이 기다리는 경험을 통해 노력할 수 있는 동기가 생긴 겁니다.

이처럼 **자율형** 아이가 남의 말을 안 듣는다면 안 좋게만 생각하지 말고, 자신의 자율적 욕구를 참고 규칙을 지키거나, 다른 사람을 신뢰한 것에 대한 보상을 주세요. 자율형 아이가 남들보다 규칙과 체계를 따르기 어렵다는 것을 인정하고 아이에게 인내에 대한 보상을 지급하며 규칙을 지킬 수 있게 도와줘야 합니다. 보상은 아이가 규칙을 지켜나갈 수 있는 동기가 됩니다.

이와 달리 **타율형** 아이는 자신이 무엇을 원하는지 알고 행동할 수 있게 도와줘야 합니다. 사회 속에 녹아들어 가는 게 모두 행복으로 귀결되는 것은 아닙니다. 자신이 무엇을 원하는지 모르는 사람은 언제든 외부 요인에 의해 무너질 수 있습니다. 소외된 감정은 언제고 문제를 일으킵니다.

여기서 타율형 아이에 대해 부모가 꼭 알아두어야 할 점이 있습니다. 타율형 아이가 말을 잘 듣는 이유는 부모가 옳다고 생각해서가 아닙니다. 자신에게 물음표를 던지지 않기 때문에 남의 말을 잘 듣는 것입니다. 타율형 아이는 자신에게 묻지 않고 부모에게 묻습니다.

"엄마(아빠), 내가 이다음에 커서 뭘 했으면 좋겠어?"
"나는 뭘 잘하는 것 같아?"

부모가 정답을 알려줄 것이라 믿는 지극히 수동적인 태도입니다.

이 아이들은 "엄마는 네가 원하는 거 했으면 좋겠어"라고 말하면 "내가 뭘 좋아하는 것 같은데?" 혹은 "내가 원하는 게 뭔지 모르겠어"라고 대답할 수 있습니다. 만약 이렇게 스스로 답을 찾는 걸 혼란스러워한다면 기다려 주세요. 답을 찾을 수 있는 질문으로 도와주는 것도 좋습니다.

"○○이 뭘 좋아하는지 우리 함께 찾아볼까? 무엇을 할 때 가장 즐거웠니? 저번에 했던 그림 그리기는 어땠니? 뭐든 할 수 있다면, 네 인생에 방해물이 아무것도 없다면 무얼 하고 싶니?"

아이가 자신에 대해 파악할 수 있게 유도하는 질문들이 필요합니다. 당장은 답을 찾지 못할 수 있습니다. 기다리세요. 아무 생각이 없어 보여도 아이는 질문에 대한 답을 고민하고 있을 수 있습니다.

하지만 아이가 이렇게 말한다면 좋은 대답이 아닙니다.

"난 미술이 더 좋아, 엄마도 내가 미술 하는 걸 더 좋아하잖아."
"음악 시간이 좋아, 선생님이 그러는데 내가 노래를 잘 부른대."

이는 자신의 마음을 전혀 보지 못하는 대답입니다. 다른 사람들의 말로 자신의 욕구를 결정하게 두지 마세요. "선생님이 내가 ~을 잘한

대" 혹은 "엄마도 내가~하는 걸 좋아하잖아"라는 말은 전혀 자신의
마음에 닿지 못한 대답입니다.

자신의 기분을 느끼고 구체적으로 표현할 수 있어야 합니다.

"피아노를 매일 치는 건 손가락이 아프지만, 가끔 치는 건 좋아."
"그림 그리는 거 재밌긴 한데 색칠하는 건 지겨워."

그래야 진로를 결정하는 갈림길에 섰을 때 자신이 원하는 걸 선택
할 수 있습니다. 아이가 언젠가는 부모 품을 떠난다는 걸 기억하고
일찍이 자신의 길을 독립적으로 찾아 나갈 수 있게 도와주세요.

타율형과 자율형 아이 맞춤 육아

자율형 아이는 자신한테 질문합니다. '내가 무엇을 원하지? 이걸 하고 싶은 게 맞나?' 분명하게 자신이 원하는 것과 아닌 것을 구별할 수 있습니다. 그러니 아이의 의견을 우선 존중해 주세요. 아이가 잘못된 길을 갔다 온 다음에 부모가 의견을 제시해도 늦지 않습니다. 당장 아이의 손을 잡고 올바른 길로 이끄는 게 답이 아닙니다. 아이에 대한 신뢰를 잃지 마세요. 잘못된 길로 갈까 호들갑을 떠는 것은 아이를 불안하게 만들 뿐입니다.

타율형 아이는 양육자에 대한 의존도가 높습니다. 자율형 아이보다 자신의 감정에 둔감하기 때문입니다. 정답은 부모에게 있다고 믿습니다. 그러므로 타율형 아이는 자신의 내면을 바라볼 수 있는 질문과 다양한 경험이 필요합니다.

타율형 아이

① 피해의식이 생기지 않도록 마음속 목소리를 듣는 훈련을 시켜 주세요.

타율형 아이는 남 탓하기 쉬워 후에 피해의식이 생길 수 있습니다. 어릴 때부터 아이가 자신의 욕구를 찾아내도록 유도하고 찾아낼 때까지 기다려 주세요. 아이가 자신의 욕구를 알아차리고 실천에 옮기는 경험을 통해 성장해나갈 수 있게 지켜봐 주세요.

---

② 말을 잘 듣는다고 해서 아이의 모든 것을 당신이 결정하려 들지 마세요.

결국 아이는 사소한 의사결정 능력조차 잃어버릴 수 있습니다. 인생에 있어 중요한 결정은 혼자 내려야 합니다. 그래야 후회 없이 남 탓을 하지 않고 살아갈 수 있습니다. 내가 원하는 걸 원한다고 말하고 시도할 수 있게 도와줘야 합니다.

---

③ 아이에게서 하나의 가능성을 발견했다고 그 방향으로만 이끌려 들지 마세요.

우리 아이에게는 더 다양한 능력이 숨겨져 있을 수 있습니다. 아이에게 세상에 다양한 선택지가 존재한다는 것을 알려 주고 체험시켜 주세요. 효율성에 집중하기보다 아이가 자신의 다양한 능력을 찾아낼 수 있게 해주세요. 자신의 마음 속 목소리를 듣고 행동할 수 있게 도와주세요.

자율형 아이

① **하고 싶지 않은 일을 해내는 아이에게, 인내한 것에 대한 보상을 주세요.**

인내의 끝이 달콤하다는 기억을 심어 주세요. 이때 보상은 아이의 자율적인 선택에 맡기는 것이 중요합니다. 엄마가 보상이라고 생각한 것도 아이에겐 보상이 아닌 경우가 생각보다 많답니다.

----

② **무조건 틀렸다고 말하지 말고, 아이의 선택을 지지해 주세요.**

부모 입장에서 틀린 선택이어도 자신이 원하는 바가 분명한 자율형 아이는 그 선택을 고집할 수 있습니다. 아이가 부모의 말을 듣지 않고 자신의 의견을 고집하는 이유는 자신이 원하는 바가 분명하기 때문입니다. 아이의 고집으로 선택한 일이 설사 실패하더라도 이를 통해 적어도 자신의 감정에 충실한 것만이 답이 아니란 걸 배울 수 있습니다. 그러니 경험을 통해 아이가 자신의 능력을 찾아가도록 지켜봐 주세요.

----

③ **아이 행동이 어떤 결과로 이어질 수 있는지 인내심을 가지고 얘기해 주세요.**

자율형 아이는 부모의 말을 듣지 않는 게 아닙니다. 막무가내로 고집을 부리는 것도 아닙니다. 단지 자신의 선택이 어떤 결과를 불러올지 모르기에 당장 눈앞의 욕구에 충실한 겁니다. 그러니까 자율형 아이를 교육할 때는 부모의 말이 명령으로 들리지 않게 인내심을 발휘해 아이의 행동이 어떤 결과로 이어질 수 있는지 얘기해 주세요.

Chapter. 7

욕구와 결핍의 차이를 알고

아이와 아이의
다름을 이해합니다

환경적 요소와 성별은 기질보다 앞서 세상을 바라보는 시각에 영향을 미칩니다. 출생 순서는 집안에서의 아이 역할을 결정짓고 어릴 때부터 윗사람과 아랫사람이라는 서열을 만들어냅니다. 따라서 첫째, 둘째 아이에게는 각각 다른 결핍이 있으며 우리는 그 결핍을 채우려 노력하는 아이의 방식을 이해해야 합니다. 또한 남녀는 여러 생물학적 차이가 있습니다. 이로 인해 다른 욕구를 갖게 되고 또래 관계를 형성하는 방법도 달라집니다. 남녀평등을 부르짖는 요즘, 남녀의 차이에 관해 이야기하는 것이 반갑지 않게 여겨질 수 있으나 이는 꼭 짚고 넘어가야 할 부분입니다. 여자아이들이 모이면 왜 수다를 떠는지, 남자아이들이 모이면 왜 서로를 툭툭 치며 몸 장난을 하는지 등 아이가 어떤 환경에서, 어떤 신체적 차이를 갖고 있는지 탐구하며 아이의 결핍과 욕망을 이해해 주세요.

첫째 아이와 둘째 아이 마음을 이해합니다

한 가정에서 태어난 아이들은 출생 순서에 따라 같은 가정 안이지만, 다른 환경에서 성장합니다. 첫째에게는 책임감이, 둘째에게는 순응성이 강조되기 때문입니다. 보통 첫째는 엄마가 없을 때 둘째를 돌봐야 하므로 배려심과 책임감이 미덕인 분위기에서 자랍니다. 동생에게 모범이 되는 행동을 보여야 하며 동생이 잘못했을 때 화를 내기보다 참고 양보할 줄 아는 모습이 요구됩니다.

"엄마 없을 때는 네가 엄마 대신이니까 동생 잘 돌봐라."
"동생이 물건에 손 좀 댈 수도 있지. 뭘 그거 가지고 그렇게 화를 내니?"

둘째의 경우 엄마가 없을 때 첫째가 부모를 대신하는 보호자의 역할을 하기에, 이에 따를 것을 요구받습니다. 어른이 아님에도 불구하고 첫째가 주도적으로 뭔가를 행하면 이에 순순히 따를 것을 부모로부터 교육받습니다. 심지어 동갑인 쌍둥이조차도 첫째를 윗사람으로 대접해야 하는 상황에 놓이게 됩니다.

"엄마 없을 때는 누나가 엄마 대신이라고 했지? 금방 갔다 올 테니까 누나 말 잘 듣고 있어."
"혼자 어딜 가려고 해? 위험하니까 형이랑 같이 다녀와."

이처럼 다자녀 가정의 아이들은 서열에 따른 역할을 부여받고, 다른 환경에 놓여져 성격 형성에 영향을 받게 됩니다. 사실 출생 순서가 성격에 영향을 미친다는 이론과 그렇지 않다는 이론은 아직도 첨예하게 대립 중입니다. 어떤 결론도 맺지 못하고 있습니다.

출생 순서가 성격에 영향을 미친다고 주장하는 인류 발달학 교수 수전 맥헤일Susan Mchale은 진화의 관점으로 이를 설명합니다. 만약 형제가 똑같은 성격을 가졌다면 자연선택*의 압박 시 형제가 전부 살

----

* 자연계에서 생활 조건에 적합한 생물체는 생존하고 적합하지 않으면 사라진다는 진화 이론

아남지 못할 가능성이 크므로 서로 다른 성향의 형제가 생존에 유리하고, 그렇게 진화해 왔다는 것입니다. 심리학 교수 프랭크 설로웨이 Frank J. Sulloway는 저서 《타고난 반항아》에서 출생 순서가 성격에 미친다는 것을 누구보다도 강하게 주장했습니다. 그는 첫째가 둘째보다 더 성실하고 강박적이며 새로운 경험에 소극적이라고 지적했습니다. 부모의 보살핌을 두고 경쟁하는 형제가 성장하면서 자신만의 전략을 구사하고, 그 결과 첫째는 자신과 권력을 동일시하면서 체제 순응적이고 보수적인 성향을 보이는 반면 동생은 반항적이며 모험을 즐기고 창조적인 성향을 보인다고 설명했습니다.

이런 주장과 반대로 대규모 대상자를 연구한 결과 출생 순서가 성격에 주는 영향이 미미하다는 결론을 내놓은 논문도 여럿 있습니다.

위에서 설명한 것처럼 심리 학자들의 연구 결과에 따르면 출생 순서가 아이의 성격에 영향을 줄 수도 안 줄 수도 있다는 애매모호한 결론으로 귀결됩니다. 하지만 분명한 것은 가족 안에서 첫째 아이와 둘째 아이가 처음 맞닥뜨리게 된 환경과 감정은 전혀 다르다는 것입니다. 그렇기에 첫째와 둘째를 대하는 부모의 태도에도 구별이 필요하다고 볼 수 있습니다.

정신분석학자 아들러Alfred Adler는 '아이들은 끊임없이 형제와 자기를 비교하면서 자기가 잘났는지 못났는지, 부모의 사랑을 누가 더 많이 받는지 등을 확인한다'라고 주장했습니다. 실제로 아들러는 삼 형제 중 둘째였는데 엄마의 사랑을 독차지하지 못하게 만드는 형제들을 때 때로 질투했다고 합니다. 하지만 어린 나이에 동생이 죽자 이번에는 질투심을 느꼈던 과거 때문에 죄책감에 시달렸습니다. 아들러는 이런 경험에 근거해 부모의 사랑을 독차지하려는 경쟁으로 형제나 남매는 제각기 다른 성격을 형성한다는 '출생 순서 이론'을 제시했습니다.

아들러에 의하면 첫째는 둘째가 태어나면, 폐위된 왕과 같은 좌절을 느낀다고 합니다. 하루아침에 모든 관심과 애정을 빼앗기게 되니까요. 자신이 어떤 잘못을 저지르지 않았는데 벌어진 일이기 때문에, 이들은 다른 사람의 애정이나 인정을 얻고자 하는 욕구를 버리고 혼자 생존해 나가려 합니다. 둘째 아이는 태어나자마자 경쟁자를 마주하게 됩니다. 엄마의 애정을 빼앗아야 하는 존재가 있기에 경쟁심이 강하고 야심적 성향을 가집니다.

하루아침에 독점적 사랑을 빼앗겨 좌절한 아이(첫째)와, 태어날 때부터 경쟁자가 있어 사랑에 야심적인 아이(둘째)는 저마다 다른 결핍과 욕구를 갖고 있습니다.

모든 첫째는 동생이 태어나면 갑작스럽게 독보적인 지위를 박탈당합니다. 사랑을 뺏긴 것도 억울한데 대부분 부모는 첫째에게 양보를 강조하며 동생을 돌봐야 한다는 책임감을 심어주려 합니다.

반면 둘째에게는 첫째 말에 순응하고 따를 것을 요구합니다. 둘째에게 첫째는 경쟁 상대인 동시에 윗사람입니다. 부모의 사랑이 온전히 자신에게만 집중될 수 없는 환경에서 부모의 관심을 받기 위해 둘째는 항시 첫째를 의식할 수밖에 없습니다. 특히 첫째가 부모 말을 잘 들을 경우, 첫째와 비교당하기 일쑤이므로 경쟁심이 강하고 엇나가면 일탈을 일삼기도 합니다.

둘째는 첫째와의 경쟁에서 이기고 싶지만 이미 단단한 애착 관계가 형성된 둘의 관계를 파고들기란 쉽지 않습니다. 따라서 첫째를 틈틈이 관찰하며 약점을 파악하려 들고 직접적인 충돌을 피하며 부모의 사랑을 독차지하고 자신의 입지를 확보하려 합니다. 특히 첫째가 부모에게 혼나는 장면을 직관하는 과정을 통해 직구를 던지거나 솔직하게 얘기하는 것만이 답이 아니라는 것을 알게 됩니다.

첫째는 앞선 학습 모델이 없기에 엄마가 어떻게 해야 기분이 좋고 화가 나는지 부딪쳐 나가면서 경험을 통해 알게 됩니다. 어릴 때 노력 없이 사랑받았던 첫째는 솔직하게 자신의 마음을 얘기하고 엄마의 마음에 들기 위해 잔꾀를 부리지 않습니다. 자칫 뻣뻣해 보이고 융통성 없어 보이기도 합니다. 그냥 '잘못했다'라고 하면 되는데 계속 자신의 입장을 설명하는 첫째의 모습이 엄마의 화를 더 돋우기도 합니다.

둘째는 쉬운 해결 방법을 놔두고 정면으로 맞서다 깨지는 첫째의 모습을 보며 변화구의 필요성을 깨닫습니다. 부모한테 혼이 날 만한 상황이다 싶으면 거짓말을 한다든지 재치 있는 말로 넘긴다든지, 갑자기 귀염받을 행동을 해서 상황이 극적으로 치닫지 않고 넘어가게 만들기도 합니다.

아래 대화 예시를 보면 첫째와 둘째는 같은 상황에서도 다르게 대처한다는 것을 더 잘 느낄 수 있을 거예요.

(첫째와 엄마의 대화)

"엄마가 밥 먹을 때 소리 내는 거 예의가 아니라고 했잖아. 입을 다물고 먹어야지."

"다물고 먹었어."

"다물었는데 왜 소리가 나? 입 벌리고 먹는 거 엄마가 다 봤는데 자꾸 거짓말할래?"

"아냐, 다물었어. 엄마가 잘못 본 거야. 왜 내 말 안 믿어줘?"

"엄마가 잘못 보긴! 그리고 너 자꾸 말대답할래?"

첫째는 자신의 결백을 증명하면 엄마의 분노가 풀릴 거로 생각하고 자신의 입장을 전달하는 데 집중합니다. 둘째는 어떨까요?

(둘째와 엄마의 대화)

"엄마가 밥 먹을 때 소리 내는 거 예의가 아니라고 했잖아. 입을 다물고 먹어야지."

"아, 맞다! (머리를 딱 치며)"

"너 내가 몇 번이나 얘기해야…"

"알았어! 다물게 앞으로 완전히 꽉 다물고 먹어야겠다.

읍! (입을 힘주어 다물며) 읍! 어때? (헤죽거리며) 나 잘하지?"

엄마의 화난 어조와 표정에 집중해 당장 상황을 벗어나고 무마할 수 있게 행동합니다.

>>> 첫째와 둘째의 질투 <<<

제 딸과 아들은 세 살 터울입니다. 둘째 아들이 뒤집기도 못 할 때 딸이 아들 얼굴 위에 베개를 올려놨던 일이 있습니다. 둘째는 숨이 막힐 뻔했고 저는 화들짝 놀라 첫째를 야단쳤습니다. 첫째는 자신의 행동이 어떠한 결과로 이어질지 모르고 한 행동입니다. 다만, 둘째가 꼴 보기 싫어서 그랬던 건 맞았습니다. 그리고 이는 지극히 자연스러운 감정입니다. 모든 관심과 애정을 둘째가 빼앗아갔으니까요. 사람들이 둘째를 보러 와서 눈이 크다고 칭찬을 하면 첫째는 눈을 크게 뜨려 노력했습니다. 첫째는 둘째보다 자신의 눈이 작은 것을 알아채고 풀이 죽었습니다.

첫째는 사랑과 관심을 되돌리기 위해 필사적입니다. 독점적 사랑을 받다 하루아침에 전혀 모르는 아이(둘째)에게 사랑을 빼앗겼으니 당연한 일입니다. 온갖 관심과 사랑을 받다가 하루아침에 폐위된 왕과 같은 첫째의 마음을 헤아려주세요. 서러우면서 동생이 못내 미운 것은 어쩔 수 없습니다.

첫째는 둘째가 태어난 초반에는 옷에 오줌을 싸는 등 퇴행 현상을 보이기도 하고 동생을 꼬집거나 때리는 공격적인 행동을 하기도 합니다. 어떻게든 부모가 나를 바라보게끔 하는 행동이 도리어 질책으로 돌아옵니다.

물론 부모는 상대적으로 신체적 열세에 놓인 둘째를 편애할 수 있습니다. 첫째보다 어리고 몸집도 작은 둘째를 보호하는 것을 당연하게 여길 수 있으나 첫째는 그렇게 생각하지 않습니다. 둘째의 편이 되고 첫째와는 적이 되는 행위입니다. 당장은 둘의 싸움을 말릴 수 있겠지만 장기적으로는 형제 관계를 악화시킵니다. 형제 관계에서 갈등이 일어나면 부모는 개입을 최소화해야 하고 둘이 갈등을 스스로 해결해나갈 수 있도록 인내심을 갖고 기다릴 필요가 있습니다.

첫째와 둘째는 사랑에 대한 인식도 다르게 형성될 수 있습니다. 첫째에게 사랑은 부서지기 쉬운 유리와도 같습니다. 사람들의 관심을 독점했었는데 동생이 태어나면서 갑자기 모든 관심이 동생한테 쏠리는 장면을 보게 되었으니까요. 둘째가 울면 엄마가 달려가 동생을 달래고, 기저귀를 갈고 음식을 먹입니다. 이렇게 온갖 정성을 둘째에게 쏟으면 외면당한 첫째는 생각합니다.

'왜 엄마는 예전처럼 나를 사랑해 주지 않지?'

자신이 어떠한 잘못을 저지르지도 않았는데 눈 떠보니 사랑을 도둑맞은 날벼락과도 같은 상황에 첫째는 사랑을 또 언제 빼앗길까 노심초사합니다. 뭔지 모르겠지만 내가 무슨 잘못을 해서 일이 이렇게 되었다고 생각합니다. 별다른 이유를 모르기에 관계에 있어 조심하는 것밖에 답이 없다고 생각합니다. 다른 사람의 요구에 자신을 맞추며 사람들의 기대를 충족시키기 위해 노력합니다. 낯선 사람을 만나면 어떻게 반응해야 할지 몰라 눈치를 살피고 자신의 언행에 대해 사람들의 호응이 좋으면 안심하지만, 부정적인 낌새를 느끼면 이유 모를 초조함과 불안을 느낍니다.

반면에 둘째는 앞서 말했듯 사랑에 있어 약탈자의 위치에 놓여 있습니다. 태어났을 때부터 경쟁자가 있기에 독점적 사랑을 받아본 경험이 없습니다. 사랑에 야심이 많고 첫째에 대한 부모의 첫정을 끊기 위해 끊임없이 머리를 굴릴 수밖에 없습니다. 이렇게 꾀부리고 애교부리는 모습, 눈치 보며 거짓말을 하는 모습이 자칫 잘못하면 욕심쟁이나 약은 아이로 보일 수 있습니다. 사랑을 빼앗아야 하는데 어떻게 정정당당할 수 있을까요? 둘째의 결핍을 이해해주세요. 또한 둘째는 항시 첫째를 이기려 노력하고 첫째가 해내지 못한 부분에서 성취를 보이려 합니다. 첫째가 공부를 잘하면 둘째는 인간관계에 집중한다거나 첫째가 친구가 많으면 둘째는 공부에 집중한다던가 하는 식으로 말이죠.

> "우리 아이는 질투심이 없고 자기 할 일만 열심히 해요."
> "둘째(혹은 첫째)에게만 관심을 기울여도 초연하고 관심이 없어요."

이렇게 생각하는 부모도 있을 겁니다. 하지만 애석하게도 아이에게 속고 있는 걸지도 모릅니다. 아이도 자존심이 있습니다. 애정을 직접적으로 갈구하는 아이가 있는 반면 그렇지 않은 아이도 있습니다. 부모의 애정에 관심 없는 척하는 아이는 애정이 필요 없는 게 아니라 싸움에서 이기는 걸 완전히 포기했다고도 볼 수 있습니다. 지금 이 책을 읽으며 내가 너무 둘째 아이랑 둘만 이야기했던 건 아닌가 싶은 마음이 든다면 오늘부터라도 첫째와 따로 시간을 내어 둘이서만 이야기하거나 놀아주세요.

아이들은 모두 절대적으로 부모의 애정과 관심을 필요로 합니다. 열 손가락 깨물어 안 아픈 손가락이 없다지만 더욱 말이 안 통하는 아이가 있고 왠지 모르게 마음이 쓰이는 아이가 있을 겁니다. 부디 자신의 편애를 드러내지 말고 똑같이 아이를 대하려 노력하기 바랍니다. 솔직함만이 답이 아닙니다. 형제 모두가 사랑에 모자람을 느끼지 않도록 부모는 의식적으로 관심을 배분하는 데 신경 써야 합니다.

>> 첫째와 둘째의 싸움 <<

형제가 싸우면 어른들이 흔히 하는 말이 있습니다.

"애들이 다 싸우면서 크는 거지. 내버려 둬도 돼"

맞는 말입니다. 형제간의 싸움이 큰일은 아닙니다. 그러니 형제간의 싸움에 부모가 호들갑을 떨지 않아도 됩니다. 부모 중재로 사이 좋게 지낸다 한들 서로 간의 앙금이 해결되는 것은 아닙니다. 그리고 상황에 따라 왜 싸웠는지 서로 다른 이유를 댈 수 있지만, 사실 이유는 하나입니다. 부모의 애정이 다른 형제에게 치우쳐 있다고 생각되면 아이는 형제를 공격해 자신의 욕구불만을 터트립니다.

이를테면 첫째가 소중히 여기는 장난감을 둘째가 망가트렸을 때 엄마가 무조건적으로 둘째를 감싸며 첫째에게 이해를 바라면 아이는 괜히 둘째가 미워질 수 있습니다. 이럴 땐 우선 첫째의 마음을 먼저 다독이고 읽어주세요.

"네가 소중히 여기는 장난감을 동생이 망가트렸구나. 정말 화가 나겠다. 동생이 어떻게 행동하면 네 기분이 풀리겠니?"

그리고 이때 동생의 입장을 굳이 이해시키려 하는 말은 피하세요.

"동생도 일부러 그런 건 아니야."
"기분 나쁘겠다. 그런데 동생도 실수한 거니까 이번 한 번만 참고 넘어가자."

이런 말은 첫째의 상처 받은 마음을 무시하고 둘째의 편을 드는 행위입니다. 엄마의 의도가 형제간의 평화라 해도 당장 마음이 속상하고 화가 나는 것은 첫째이기에 어떻게 하면 마음이 풀릴지 물어보는 것이 우선입니다. 무조건 화해시키려고 하면 첫째는 둘째에 대한 앙금이 쌓이고 부모님 모르게 둘째에게 보복하려 할 수 있습니다. 차라리 첫째에게 직접 동생이 어떻게 하면 마음이 풀릴지 물어보고 솔직한 대답을 유도하는 것이 좋습니다. 그렇다고 물리적인 공격은 용인하지 마세요. 어떤 상황에서도 폭력적인 언행이 오가지 않게 하세요. 그 외에, 첫째가 원하는 방식대로 둘째가 진지하게 자신의 잘못을 말하고 사과하는 모습을 지켜봐 주세요. 가해한 아이가 아직 어린 둘째라고 해서 '한 살이라도 나이가 많은 첫째'가 참고 양보하길 바라면 안 됩니다.

다자녀 가정의 부모가 꼭 염두에 둘 것은 첫째도 어른이 아니라는 것입니다. 걸음마를 해도, 말을 해도, 둘째가 태어나도, 첫째는 어린 아이입니다. 둘째보다 나이가 많다고 책임감과 양보를 강조하면 첫째는 자기 나이를 잃어버리고 둘째의 보호자로 살게 됩니다. 아이인데도 어른 노릇을 해야 하니 때때로 화가 나고, 둘째가 말을 안 들으면 폭력적인 언행이 나올 수 있습니다. 이럴 땐 동생을 때리거나 심한 욕설을 하면 단호하게 제재하되 그렇지 않은 경우라면 모른 척하는 것도 방법입니다. 엄마가 별다른 관심을 두지 않으면 대부분의 아이는 동생을 못살게 구는 행동을 그만둡니다.

아이들의 싸움을 원치 않는다면 가장 좋은 방법은 형제간에 경쟁을 붙이지 않는 것입니다. 첫째는 둘째보다 나이가 많기 때문에 동생보다 무의식적으로 능력이 나아야 한다고 생각합니다. 어릴 때일수록 무조건 동생보다 잘해야 한다는 강박관념에 빠져 있을 수 있습니다. 둘째도 마찬가지입니다.

"형은 어릴 때 안 그랬는데 너는 왜 그러니?"
"형처럼 조용히 앉아 있을 수 없니?"

절대 비교하며 나무라지 마세요. 행복의 반대는 비교입니다. 부모 중에는 비교를 통해 아이들을 자극해 경쟁시키면 모두 긍정적인 방향으로 성장할 거라 믿는 경우가 있습니다. 절대 잘못된 생각입니다. 누군가와 비교하면서 칭찬하면 칭찬을 못 받은 아이뿐만 아니라 칭찬받는 아이도 마음이 괴로울 수 있습니다. 칭찬의 효과는 비교에서 나오는 게 아니라 아이의 발전된 모습을 먼저 발견해 주는 데서 나옵니다. 예전보다 발전된 면모를 찾아 지지하고 격려하면 아이의 자존감이 높아집니다. 그러니 아이들이 싸웠을 때 서로 비교하며 잘잘못을 가리지 마세요.

✕✕➤ 첫째는 직구를, 둘째는 변화구를 던집니다 ❮✕

부모가 첫째에게 둘째를 돌봐줄 것을 강조할수록 첫째 마음속에는 둘째를 향한 분노가 생겨납니다. 그래서 첫째가 엄마 눈을 피해 둘째를 때릴 수도 못살게 굴 수도 있습니다. 부모가 서열을 강조하며 첫째에게 '양보' 혹은 '챙김'을 강요하는 것은 좋지 않아요. 우리가 꼭 기억해야 할 것은 첫째는 어른이 아니고, 둘째와 고작 몇 살 차이밖에 안 나는 같은 어린아이라는 것입니다. 첫째도 둘째도 부모의 돌봄과 애정이 필요한 어린아이라는 것을 잊지 말아 주세요.

둘째가 태어나고부터 말썽을 부리는 첫째가 있다면 둘째를 돌보느라 첫째에게 소홀했던 건 아닌지 의심해보세요. 본래 얌전했던 아이가 그런 행동을 한다면 부모의 사랑과 관심을 빼앗길까 두려워서 어떻게든 관심받고자 나온 행동입니다. 첫째는 태어나자마자 어떠한 노력도 없이 모두의 관심을 받고 사랑받았기 때문에 부모의 마음을 살피는 능력은 부족합니다. 따라서 태어나면서부터 경쟁자를 마주하고 이에 대항하기 위해 호시탐탐 머리를 굴려온 둘째에 비해 눈치가 없는 건 당연합니다. 둘째는 낄끼빠빠(낄 때 끼고 빠질 때 빠지는) 눈치가 있으니까요.

둘째는 첫째와 엄마의 관계를 지켜보는 관찰자적 입장에 놓여있기에 엄마한테 어떻게 말하고 행동해야 하는지 고민할 수 있게 됩니다. 학습 모델인 첫째 아이를 통해 관계에 있어 감정적으로 대처하기보다 이성적인 판단으로 대응합니다.

예를 들어 엄마가 숙제하라고 했는데 계속 미루며 핸드폰을 하는 첫째를 보면서 둘째는 바로 옆에서 숙제에 열심인 모습을 보일 수 있습니다. 엄마에게 어떻게 행동해야 사랑받는지 항시 생각하고 있기에 나올 수 있는 행동입니다. 둘째의 상황 대처 능력은 첫째보다 빠릅니다. 그래서 엄마의 관심을 끌기 위해 우스꽝스러운 행동을 하고, 엄마한테 안기고 싶어도 엄마의 표정이 안 좋으면 조용히 TV를 보며 기다리다가 엄마 표정이 좀 풀렸다 싶으면 살포시 다가가서 안기기도 합니다. 이처럼 둘째는 첫째보다 한 발 앞서가 부모의 감정을 읽고 행동합니다.

형제 갈등으로 상담소를 찾은 엄마가 있었습니다. 첫째는 초등학교 5학년, 둘째는 2학년이었습니다. 첫째는 솔직하며 성실했고, 둘째는 애교 있고 유연성 있는 성격이었습니다. 첫째는 둘째가 계속해서 자기 물건을 말없이 가져가고 훔쳐가는 것에 화가 나 있었습니다. 엄마에게 둘째의 행동을 이야기 해봤지만, 엄마는 가볍게 넘기며 이렇게 말했다고 했습니다.

"동생이 그럴 수도 있지. 잠깐 빌려 간 거야."

실제로 엄마는 이 문제를 크게 생각하지 않았습니다. 첫째가 양보하면 그만이라고 여겼습니다. 그러나 첫째는 자신이 집에서 힘이 없다고 생각했습니다. 동생은 자기 물건을 가져가고, 엄마는 그런 동생을 야단치지 않으니까요. 급기야 첫째는 가족과 떨어져 기숙사가 있는 학교에 진학하거나 유학가기 원했습니다.

부모는 첫째에게 희생을 강요하고, 둘째는 부모의 감정을 간파해 자신의 편으로 만들어 형제간 갈등이 생긴 사례입니다. 엄마 입장에서는 학용품이나 장난감을 가져가는 게 별일 아닌 것으로 보였을 겁니다. 그러나 이는 어디까지나 엄마 입장입니다. 첫째가 자신의 고통을 호소했는데도 이를 대수롭지 않게 여기니 무력감을 느끼는 것은 당연합니다. 집안 최고 권력자가 자신의 편을 들어주지 않고 오히려 둘째 편을 들어줬으니까요.

저는 형제간의 불화를 해결하기 위해 1년간 개인 상담과 가족 상담을 병행했습니다. 부모의 개입이 없어야 아이들이 더욱 자발적으로 자기 이야기를 할 수 있기에 우선 아이들이 갈등을 겪을 때 부모가 나서서 중재하지 않도록 했습니다. 그리고 두 아이가 서로의 입장을 이해할 수 있도록 역할을 바꿔서 이야기하는 시간을 가졌습니다.

동생은 형의 역할을, 형은 동생의 역할을 맡아 대화하는 과정에서 자신의 모습을 직관할 수 있게 해주는 방법입니다. 또한 서로에게 질문하고 대답하는 시간을 가졌습니다. 서로가 공격으로 느꼈던 행동들이 어떤 의도였는지 돌아보는 시간이었습니다.

"형은 항상 어른인 척 나한테 이래라저래라 하니까, 나도 화가 나서 형 물건을 훔쳤어."

"나는 네가 매번 약속을 안 지키는 게 화가 나서 나도 모르게 큰 소리를 냈어."

속마음을 털어낸 후 서로에게 듣고 싶은 말을 해주고 각자가 바라는 동생과 형에 대해 이야기 나누게 했습니다. 그리고 형제가 함께해서 좋았던 추억을 떠올려 보게 한 후 다 같이 그림으로 표현해보며 엉킨 실타래 푸는 시간을 가졌습니다. 궁극적으로 각자의 위치에서 느낄 수 있는 아픔을 마주하고 이해하는 과정에서 관계는 회복되었고, 그 후에도 서로의 마음을 읽어주고 이해하려 노력하며 지내고 있습니다.

갈등은 한 쪽이 무조건 참거나 이해하려 한다고 해서 사라지지 않습니다. 우리 아이들이 주는 행복이 큰 만큼 부모도 아이들의 행복을 위해 그들 사이에 생긴 작은 갈등까지도 잘 관찰하고, 아이마다 다른 기질을 발견해 해결 방법을 찾아 주려는 자세가 필요합니다.

첫째와 둘째 아이 맞춤 육아 시 잊지 마세요!

● **첫째 아이와 둘째 아이 마음을 알아주세요.**

첫째와 둘째 아이는 항상 경쟁 상태에 놓여 있습니다. 엄마의 사랑도, 장난감도, 간식도 나누어 가져야 하기 때문입니다. 이에 갈등을 겪으며 생기는 억울함과 분노가 있습니다. 그래서 첫째 아이에게는 "동생이 자꾸 약 올려서 힘들지? 네 방으로 들어가서 좀 쉴래?"라고, 둘째 아이에게는 "형이 자꾸 힘으로 누르려 들어서 속상하지? 조금 있으면 너도 형만큼 클 거니까 걱정 마"라고 가끔 양쪽의 마음을 읽어줄 필요가 있습니다. 각각의 마음을 읽어주는 이 과정을 통해 형제에 비해 자신이 소외받고 있지 않다는 걸 확인하고 안심합니다.

● **서열을 강조하지 마세요.**

"누나니까 네가 참아" "동생이 왜 형한테 대들어!" 같은 말은 아이들의 자존감을 낮추고 쓸데없는 경쟁심을 부추겨 형제간의 갈등을 깊어지게 합니다. 수직적 관계를 강조하면 권력 관계가 발생하고 투쟁하게 됩니다. 형제 사이에 문제가 생기면 아이들 스스로 선택하고, 결정해 실행할 수 있게 도와주세요. 서로의 입장이 어떻게 다른지 이야기하고 아이들끼리 토의를 통해 해결해나가도록 기다려 주세요.

"너희 둘 다 똑같은 게임기를 갖고 놀고 싶구나. 사람은 두 명이고 게임기는 하나인 상황이네. 둘 다 게임을 즐길 수 있는 방법을 상의해보렴."

● 아이들 싸움에 심판이 되지 마세요.

싸움에는 저마다 이유가 있습니다. 당장의 싸움만 가지고 잘잘못을 가리면 누군가는 억울할 수밖에 없습니다. 오늘만 싸운 게 아니고 서로 맺힌 과거사가 있을 테니까요. 따라서 부모가 어설프게 심판 역할을 하면 설사 그게 옳은 판단이라 할지라도 자신의 의견을 지지받지 못한 아이는 상처 입게 됩니다. 화해를 강요하지 말고 심각하지 않은 싸움은 아이들이 스스로 문제를 해결할 수 있도록 지켜봐 주세요.

● 한쪽을 편애하고 있다면 인정하고 고치려 노력하세요.

두 아이 모두 똑같이 사랑하고 싶지만 마음처럼 안 될 수 있습니다. 한 아이는 말을 잘 들어서, 애교를 부려서, 눈치가 있어서 예쁠 수 있고 다른 아이는 뻗대서, 거짓말만 해서, 예의가 없어서 상대적으로 마음이 덜 갈 수 있습니다. 일단 내 마음이 한쪽으로 기울어지고 있다면 모른 척하지 말아 주세요. 그리고 내가 왜 그 아이에게는 마음이 덜 가는지 고민해 보세요. 아이의 기질을 문제로 느끼고 있는 것일 수 있습니다. 숨겨진 기질을 찾고 능력으로 봐 주세요. 무턱대고 자기 마음을 부정하는 것보다 직면하고 고쳐나가는 자세가 필요합니다.

여자아이와 남자아이의
차이를 이해합니다

소설 《82년생 김지영》을 읽고 남녀가 홍해처럼 갈라졌습니다. 온라인 커뮤니티나 SNS에서도 남녀가 편을 나눠 싸우는 광경을 흔히 볼 수 있습니다. 사회적 경쟁이 심화된 탓일까요? 갈수록 먹고살기가 어려워져 그럴까요? 서로 조금의 양보도 허용치 않는 풍토입니다. 어떠한 상황도 성별의 차이로 차별받는 것을 용납하지 않습니다. 신체적, 정신적 차이가 분명 존재한다는 것을 암암리에 부정합니다.

정말 남녀를 똑같은 환경에서 동등하게 대우하는 것이 답일까요? 일차원적인 답에서 벗어나 서로에 대한 탐구가 선행되어야 합니다. 무조건적인 반감에서 벗어나 생물학적 차이를 이해하고 존중하는 태도가 필요한 시점입니다.

>> 차이를 인정해야 하는 생물학적 이유 <<

지금 대한민국은 남녀의 고정적인 성역할이 많이 사라졌기 때문에 거기에서 벗어나 각자 자신이 잘 하는 분야를 맡으면 되는 시대가 되었습니다. 아이의 장래를 고려할 때 더 이상 성별을 의식할 이유가 없어졌습니다. 아이의 '기질'에만 초점을 맞추면 됩니다. 그래서 더욱 개개인의 특질을 살리는 것이 중요합니다.

하지만 개개인의 특질에 앞서 남자아이와 여자아이의 신체적, 정신적 특질이 다르다는 점은 부정할 수 없습니다. 그래서 여자아이와 남자아이의 육아 방식은 조금 달라야 합니다.

보통 남자아이는 여자아이보다 공감 능력이 부족하고 무심하며 공격적 성향이 강하다고 알려져 있습니다. 이런 통념 때문에 양육자는 대체로 남자아이의 공격적 성향을 억제하고 정서 지능을 키워야 한다고 생각합니다. 그러나 남자아이가 왜 그렇게 행동하는지는 모릅니다. 올바른 아이 맞춤 육아의 첫걸음은 남녀의 생리적 차이를 인지하는 것입니다.

남자아이와 여자아이의 뇌는 다르다

① 여자아이 두뇌가 남자아이 두뇌보다 더 빠르게 발달합니다.

초등학교 저학년 때에는 글쓰기와 소근육을 사용해야 하는 과제들을 여자아이가 잘 해냅니다. 이는 속도의 차이일 뿐 미발달의 영역이 아닙니다. 남자아이의 부모는 조급해할 이유가 없습니다. 보다 느긋한 태도로 아이의 성장을 지켜봐주어야 합니다. 여자아이가 남자아이에 비해 언어 발달을 관장하는 뇌 부위도 더 크고 성장도 빠릅니다. 따라서 남자아이의 부모는 또래 여자아이와 같은 잣대로 남자아이의 언어 능력을 평가하면 안 됩니다. 또래 여자아이와 동등한 언어 능력을 기대하고 실망하면 언어에 대한 흥미를 잃을 수 있습니다.

② 남자아이는 '공감'보다는 '공감각적 지능'과 '논리적 사고력'이 발달되어 있습니다.

엄마의 눈빛과 표정으로 기분을 살피는 여자아이와 달리, 남자아이의 무심한 태도가 엄마의 화를 돋우는 것도 이런 뇌 구조의 차이 때문입니다. 따라서 남자아이를 훈육할 때는 기분을 전달해 설득하기보다는, 원칙이나 규정을 상기시키는 것이 효과적입니다.

"핸드폰 한 시간만 하기로 했지? 2시에 시작했고, 지금 3시 반이네. 시간 약속 지켜야 앞으로 매일 핸드폰을 할 수 있다는 점 기억해."

③ 남자아이는 여자아이보다 두뇌에 백질이 더 적기 때문에 동시에 여러 가지 일에 잘 집중하지 못합니다.

최근 문제가 되고 있는 주의력결핍 과잉행동장애(ADHD, attention deficit hyperactivity disorder)는 학교가 아이들에게 요구하는 멀티태스킹과 남자아이의 두뇌 사이의 부조화 때문에 생기는 경우가 많습니다. 남자아이는 적절한 시간을 두고 하나씩 해결해나가도록 도와야 합니다.

④ 남자아이와 여자아이는 위협감을 느낄 때 생리적 반응이 다릅니다.
남자아이의 스트레스 반응은 신체와 뇌간의 투쟁 혹은 도피 메커니즘에 초점을 맞추고 있습니다. 신체적, 사회적인 힘의 안정을 되찾기 위해서입니다. 반면 여자아이의 두뇌는 스트레스를 받을 때 옥시토신을 더 많이 분비합니다. 다른 사람들과의 대화를 통해 안전하게 힘과 균형을 회복하려고 합니다.

실제로 남자아이는 여자아이보다 테스토스테론(위험 감수, 공격성과 관련된 호르몬)이 10~12배 많이 분비됩니다. 반대로 세로토닌(차분하게 만드는 호르몬)은 여자아이에 비해 더 적게 분비될 때가 많습니다. 이러한 호르몬 차이로 남자아이는 여자아이보다 신체적·사회적으로 충동적이고 감정이나 행동을 통제하는 것을 힘들어 합니다. 의사결정을 내리는 것도 비교적 여자아이보다 성급합니다.

또한 남자아이들은 말하지 않아도 서로 내재된 공격성을 용인하기에 서로 신체를 가볍게 때리는 것 또한 유대감을 쌓는 행위로 여깁니다. 욕을 하고 공격적 행위를 하는 게 관계 맺기와 애정 표현의 수단이 됩니다. 여자아이들이 봤을 때는 싸움으로 보여도 그들은 나름의 애정을 표현하는 수단일 수 있습니다.

어린아이들은 또래 관계를 맺을 때 여자아이는 공감적 돌봄, 남자아이는 공격적 돌봄 태도를 보입니다. 여자아이는 대화와 존중, 공감과 지지를 통해 친구 관계를 맺지만 남자아이는 함께 다른 아이들을 놀리거나 공격적인 행동을 하면서 친구를 사귑니다.

엄마들이 언뜻 보기에는 남자아이들의 사귐이 적대적이고 잔인하게 비칠 수 있습니다. 그러나 형들이 동생을 데리고 다니면서 가벼운 심부름을 시키거나 몸을 툭툭 건드리는 행위가 괴롭힘이 아니라 애정에서 비롯될 수 있다는 것을 인식해야 합니다.

남자아이들이 공격성을 표출하는 건 호르몬에서 비롯된 자연스러운 행동입니다. 물론 상대에 대한 분개나 적대심으로 발전한다면 이를 제지해야겠지만 일상적으로 일어나는 가벼운 몸싸움은 남자아이들 세계에서 친해지는 데 필요한 과정 중의 하나일뿐입니다. 거친 말들이 오가고 자신을 뽐내고 상대를 무시하는 행위가 빈번히 이루어집니다. 수치심과 모멸감, 자존심이 상하는 과정이지만 조롱이 상대 입장에게 어떤 상처로 남는지 생각하기에 어린 나이입니다. 남자아이들은 이런 행위를 통해 목적의식과 정체성을 발전시켜나갑니다.

남자아이들의 언행을 과하다 보지 말고 유대감을 맺는 방식이 여자아이와 다르다는 것을 이해해야 합니다.

또한 남자아이들은 여자아이들보다 무리에 다른 이가 처음 진입하려 할 때 경계 태도를 보입니다. 새로 진입한 아이가 신체적·정신적 약점을 이겨내고 인내할 수 있는지 시험하는 과정을 거칩니다.

공감보다는 자신의 감정에 충실한 나이이기 때문에 이들은 자신의 공격성을 드러내는 게 자연스럽습니다. 아이들의 공격적 행태가 과잉으로 치닫지 않는다면 의례화된 남자아이들의 '돌봄 형태'임을 이해해야 합니다.

진화심리학에 따르면 과거 남자아이들은 함께 모여 사냥을 하는 과정을 통해 친근감을 쌓고 유대감을 느꼈다고 합니다. 남자아이들이 모여 있을 때 공격성이 드러나는 것은 타고난 자연스러운 현상인 것입니다. 다만, 어린 나이이기에 부모는 아이의 타고난 충동을 옳은 방향으로 이끌어야할 필요가 있습니다. 남자아이의 생리를 인지하고 올바르게 이끌어줄 때 공격성을 통제할 수 있고, 더 나아가 공감 능력을 키워 아들과 엄마의 관계도 발전할 수 있습니다.

상담소를 찾는 여자아이들은 각기 다른 문제들을 안고 있지만, 또래 관계에 대한 고민은 누구나 공통적으로 갖고 있습니다. 이들은 종종 남자아이들의 친구 사귐을 부러워하는데 여자아이들 입장에서 남자 아이들의 또래 사귐은 대단히 단순하기 때문입니다.

남자아이들 무리에서 왕따를 찾아내는 건 쉬운 일입니다. 약자 취급을 받거나 존재 자체를 무시당하는 아이를 찾아내면 되니까요. 하지만 여자아이들 사이에서 왕따를 찾기는 쉽지 않습니다. 여자아이들은 자신들이 누군가를 따돌리고 있다는 것을 티 내지 않기 위해 노력합니다. 이들의 공격은 보다 은밀하게 이루어지기에 피해자조차 자신이 왕따당하고 있음을 깨닫기까지 시간이 걸리는 경우도 있습니다.

왜 여자아이들은 공격성을 드러내는 데 있어 남자아이들보다 남들의 눈치를 보고 비폭력적인 방식을 선택하는 걸까요?

남매를 떠올려 보세요. 여자아이는 보통 남자 형제에 비해 부당한 대우를 받았다고 생각합니다. 아직까지도 대부분의 양육자가 남자아이보다 여자아이가 가사에 적극적으로 참여하기를 원하고 순응적 태도를 미덕으로 가르치니까요. 이는 딸의 입장에서 섭섭할 수밖에 없는 노릇입니다. 게다가 남자아이들이 치고받고 싸우는 것은 당연하지만 여자아이는 그렇지 않습니다. 그들은 암암리에 얌전할 것을 요구받고 인내를 미덕으로 배웁니다.

순응과 인내를 미덕으로 배운 여자아이들이 직접적으로 갈등을 내비치는 것은 어렵습니다. 그래서 여자아이 또래 집단은 직접적으로 폭력을 사용하기보다 은밀한 방식으로 상대를 공격합니다. 뒤에서 욕하기, 따돌리기, 소문 내기, 욕하기, 조종하기 등의 행동이 나타납니다.

게다가 남자아이들은 적당히 아는 사람이나 잘 모르는 새로운 사람을 따돌리지만, 여자아이들은 긴밀한 관계망 안에서 타깃을 정하므로 여자아이들의 공격은 주변에서 눈치채기 더 어렵습니다. 주먹 대신 몸짓 언어와 관계를 이용해 싸우니까요. 예를 들면 그 아이를 향해 크게 소리를 지르기보다는 그 아이가 등장하면 다들 침묵합니다. 심지어 없는 존재로 취급하거나 등을 돌리는 몸짓으로 상대에게 충격을 줍니다. 신체적 학대보다 수치심과 모멸감이 여자아이 또래 집단에서 일어나는 보통의 가학 행위입니다.

오랜 남성 중심의 사회문화를 바탕으로 여성에게 요구되는 여성스러움이 공격의 형태를 은밀하고 음습하게 만들었습니다. 가해자는 공격을 하는 와중에도 가해자임을 속이려 피해자의 가면을 쓰고 공격합니다.

'네가 설치고 다녔기 때문에.'
'네가 날 무시했기 때문에.'
'네가 내 친구랑 놀았기 때문에.'

피해자는 자신의 잘못이 아님에도 자책하고 스스로를 공격합니다. 애초에 자신이 잘못하지 않았다면 공격받지 않았을 거라고 생각하게 됩니다.

따돌림을 당하는 아이는 자신이 행동을 교정하면, 말투를 바꾸면, 성격을 바꾸면 이 상황이 나아지리라 믿습니다. 따돌리는 아이는 자신의 공격에 당위성을 부여하기 위해 따돌림당하는 아이가 스스로 '사회성'이 떨어진다고 생각하게 만드니까요. 그래서 종종 어른들은 이렇게 생각하는 경우도 있습니다.

'왕따당할 만한 짓을 했겠지.'

여자아이들의 긴밀한 관계망 밖에서는 왕따당하는 아이가 사회적 기술이 부족해서 생긴 문제로 보이게 만드니까요.

따돌림당하는 피해자는 왜 따돌리는 아이인 가해자의 공격에 침묵하고 순응하며 그들에게 맞추려 드는 걸까요?

대부분 '착한 아이 콤플렉스' 때문입니다. 착하다는 것은 '공격하지 않는 것' '쉽게 화내지 않는 것'을 뜻합니다. 착한 아이는 남 탓하기보다 자기 자신에게 화살을 돌리고, 주위에 분란을 일으키지 않기 위해 침묵합니다.

무력한 존재가 되어 보호를 받는 것을 미덕으로 여기기도 합니다. 이런 폐해는 역사가 오래되었습니다. 전래 동화나 고전 설화에서 여자 주인공은 무차별 폭언과 폭행에 착한 태도로 대응합니다. 그러면 왕자의 구출을 받거나 상을 받습니다. 그녀들은 맞서 싸우지 않고 부정한 대우에도 침묵합니다. 공격성을 드러내며 대항하는 것은 어불성설입니다. 설화에서는 오롯이 자신의 자리를 지키는 소녀에게만 뚝딱 보상이 내려옵니다. 아이러니하게도 남녀평등을 부르짖는 사회에서 아직까지도 여자아이들은 이러한 '착한 소녀 성공기'를 읽으며 성장합니다.

생존력이 중요한 시대에 여자아이를 무력화시키는 '착한 소녀 성공기'가 무슨 도움이 될까요? 각박한 경쟁은 남녀의 차이를 두고 찾아오지 않습니다.

모두가 생존권을 두고 각개 전투하는 상황에서 양육자는 여자아이가 적극적으로 현실에 대처할 수 있게 키워야 합니다.

생존력은 공격을 인지하고, 방어하고, 반격하는 수단을 통해 형성됩니다. 부모는 여자아이가 또래 집단으로부터 받는 은밀한 공격에 속수무책으로 당하지 않게 생존력을 길러줄 책임이 있습니다.

여자아이들 무리에서는 직접적 가해가 이루어지지 않기 때문에 여자아이는 자신이 공격받고 있다는 사실을 모를 수 있습니다. 자신이 사회성이 부족해 아이들과 못 어울린다고 생각할 수 있습니다.

만약 아이가 부모에게 자신의 외로움을 토로한다면 결코 아이 탓을 하지 말아 주세요. 또래 집단의 비위를 맞추라는 충고도 하지 마세요. 그리고 부모님의, 특히 엄마의 당당한 모습을 보여주려 노력하세요. 당신이 아이의 보호자임을 견고히 해야 합니다. 아이가 느꼈을 부정적 신호를 존중하고 공감해 주며, 혹시 아이가 원한다면 다른 집단으로 이동하도록 하는 것이 최선입니다. 양육자는 보다 능동적이고 직접적인 태도로 딸의 편에 서야 합니다.

당신의 딸이 내향적이든 소극적이든 이는 결코 왕따의 원인이 될 수 없습니다. 딸한테도 그 점을 분명히 하세요. 건강한 관계 속에서 자란 여자아이는 자신이 겪는 감정에 대해 부모에게 솔직히 고백할 수 있고 도움을 요청할 수 있어야 합니다.

양육자는 여자아이가 외로움과 고통을 호소할 때 진지하게 경청하고 그것이 결코 아이의 잘못이 아님을 알려 주세요. 가해자에게 맞춰 비굴한 자세를 취할 것을 종용해서는 안 되며, 부모가 나서서 가해자들의 비위를 맞추려 해서도 안 됩니다. 가해자들의 비위를 맞추는 것도, 그들에게 엄포를 놓는 것도 결코 좋은 해결이 아닙니다.

만약 사소한 괴롭힘이라면 아이가 외로움을 해결할 수 있는 다른 집단(종교 활동, 스포츠 센터, 독서 학원 등)에 소속시키거나, 감정을 풀 수 있는 매개체(예술 활동, 신체 활동 등)와 접촉시키는 것으로도 문제가 해결될 수 있습니다.

남자와 여자아이 맞춤 육아 시 잊지 마세요!

● **여자아이에게 얌전함과 착함을 미덕으로 가르치지 마세요.**

생존력이 화두인 시대에서 경쟁은 성별을 가리지 않습니다. 적극적으로 현실에 대처할 수 있게 알려주세요. 공격을 받았으면, 기분이 나쁘다고 말하고 대항할 수도 있어야 합니다. 참는 게 최선이 아니고 자기 능력을 당당히 나타낼 수 있어야 합니다. 여자아이들에게 은밀하게 공격 당했을 때 자책하지 말고 부모님께 도움을 요청해야 한다고 알려주세요.

● **여자아이가 대화와 존중, 공감을 중요시 여기는 걸 존중해 주세요.**

많은 시간을 투자해서 대화하기보다 짧은 시간이라도 아이의 말에 집중하고 정성껏 공감해 주세요. 아이의 감정을 앞서서 추론하거나 판단하지 말고 아이의 감정을 부정하지도 마세요. 대화의 양보다 질에 더 신경 쓰세요.

😊 "네 마음을 그 아이가 알아주지 않아서 속상했구나."

😊 "엄마가 일하느라 낮에는 함께 하기 힘들지만 저녁에는 항상 네 이야기를 한 시간씩 들어줄게."

● 남자아이에게 공감 능력을 다그치지 마세요.

남자아이의 부족한 공감 능력을 다그치지 말고 본래 무심하다고 내버려 두지도 마세요. 감정에 공감할 수 있는 '정서 지능'을 키워 주세요. 정서 지능을 키우기 위해 아이에게 감정에 관한 질문을 자주 하는 것이 도움이 됩니다. 감정에 둔한 것은 위험합니다. 자신이 얼마나 고통스러운지 무엇을 원하는지 어떻게 하고 싶은지 알아채야 건강한 삶을 살아갈 수 있습니다.

😊 "지금 어떤 기분이니?"

😊 "어떻게 기분이 좋아?"

😊 "어떤 행동이 너를 화나게 만들었니?"

😊 "어떻게 하면 네 기분이 다시 좋아질 수 있을까?"

● 남자아이는 에너지를 발산할 수 있는 공간이나 대상이 꼭 필요합니다.

활동적인 취미 생활이나 놀이 친구를 만드는 데 도움을 주세요. 운동 단체, 종교 단체, 동호회, 학원 어디든 좋습니다. 에너지를 건강하게 발산할 장소를 찾지 못한 남자아이는 공격성을 비틀린 방식으로 표출할 수 있습니다. 특히 사춘기에 가까워지면 남자아이들의 테스토스테론 양이 매일 여러 번 급격히 증가한다는 것을 기억하고 이를 적절히 표출할 수 있는 방향과 목표를 제시해 주세요.

Chapter. 8

내 마음을 돌보니

비로소
아이 마음이 보입니다

책을 읽어도 좋은 충고를 들어도 아이 마음을 읽기 어렵다면, 부모 마음부터 들여다보세요.

'왜 나는 아이한테 화가 날까?'

'왜 나는 아이를 믿고 지켜봐 주지 못할까?'

당신의 마음과 대화하세요. 잘 하다가도 도저히 아이 기질을 존중하기 어려운 순간이 찾아올 겁니다. 그럴 땐 잠시 멈춰서 나의 기질을 먼저 존중해 보세요. 나를 존중하면 아이와 저절로 분리되고 적절한 거리에서 관찰할 수 있게 됩니다.

마지막 챕터에는 제가 육아를 하면서 부딪쳤던 고민과 아이와의 갈등을 담았습니다. 상담하러 오는 부모들의 속앓이가 저와 크게 다르지 않기에, 솔직함이 가장 큰 조언이라 믿고 저의 부끄러움을 적었습니다.

나는
좋은 부모일까?

누구나 그러하듯 저도 아이를 잘 키우고 싶었습니다. 아이가 태어났고 처음에는 체력적으로 힘들었지만, 육아가 어렵지는 않았습니다. 건강에 좋은 음식을 먹이고 최대한 옆에 있어 주며 육체적 성장과 보호에 충실했습니다. 문제는 아이가 두 발로 서서 목소리를 내면서부터 시작됐습니다.

아이가 자기의 의사에 따라 행동하면서 갈등이 생겼습니다. 어디까지 받아주어야 하는지 경계를 알 수 없었습니다. 아이가 거짓말을 해서 버릇을 고쳐주려 다신 그러지 말라고 윽박질렀다가도 얼마 지나지 않아 미안한 마음에 아이를 달래기 바빴습니다. 이런 상황이 반복되자 점점 혼란스러워졌습니다. 일관되지 못한 내 모습에 자괴감을 느꼈습니다. 집안 최고의 권력자처럼 굴다가도 아이한테 한없이 약한 엄마가 되기도 했습니다. 당시는 빠르게 사과하고 아이의 기분을 풀어 주는 게 급선무라 생각했습니다.

'왜 그랬을까? 그렇게까지 말할 필요는 없었는데…….'

아이에게 상처를 줬다는 생각에 견딜 수 없었습니다. 아이의 풀 죽은 표정에 마음이 아려왔고 빨리 엎질러진 물을 주워 담아야 할 것 같았습니다.

하지만 아이를 달래다가도 갑자기 화가 났습니다.

"아까 일을 언제까지 갖고 있을 거야?"

오히려 아이에게 표정의 전환을 독촉하기도 했습니다. 아이가 내 말에 순순하기를 원하면서도 풀 죽은 모습은 보기 싫었어요. 그러다가도 모진 엄마가 된 것 같아 아이의 기분을 풀어주려 노력하기도 했습니다. 방금 혼을 내놓고는 아이한테 뭐 먹고 싶은 거 없냐고 다 사주겠다고 채근했습니다. 지금 생각하니 급변하는 태도에 저보다 아이가 얼마나 혼란스러웠을까 싶습니다.

아이가 초등학교 고학년이 될수록 저는 더 불안해졌습니다. 학원을 보내야 하는지 자유롭게 키워야 하는지, 방을 치울 때까지 기다려야 할지 다그쳐야 할지, 매 순간이 선택이었습니다. 문제는 선택의 기준이 매번 달라졌다는 겁니다. 어제는 자유롭게 키우는 게 답이었지만 다음날은 이대로 둬서는 안 될 것 같았습니다. '네가 행복한 게 제일'이라 말해놓고 얼마 지나지 않아 '너밖에 모르는 아이'라고 몰아붙였습니다.

이쯤 되면 '나는 그 정도는 아니야'라면서 위안으로 삼는 부모와 '엄마가 다 그렇지 뭐'라고 동조하는 부모가 있을 것입니다. 하지만 제가 수많은 부모를 만나고 상담하며 내린 결론은, 다른 부모들도 경중이 다를 뿐 같은 불안을 느낀다는 것입니다. 양육에는 정답이 없고 부모가 처음인 우리는 헤맬 수밖에 없습니다. 엄마는 태어나는 것이 아니라 아이를 통해 만들어 가는 것이니까요.

아이와의 관계뿐만 아니라 육아에 있어서 부모가 겪는 큰 스트레스 중 하나는 다른 사람들이 아이를 거울삼아 부모의 인간성을 판단하려 한다는 것입니다.

"엄마가 그렇게 가르치디?"

"누굴 닮아서 저럴까?"

아이의 외양, 성격, 학습 능력까지 모든 것을 부모와 연관시킵니다. 밖에 나가는 순간 사람들은 아이의 행동을 보며 당신을 평가합니다. 아이를 낳으면 당신은 이름 외에도 누구 엄마, 혹은 아빠로 불립니다. 처음에는 어색하지만 아이가 학교를 갈 때 즈음에는 익숙해집니다. 그리고 당신 또한 당연하게 주위 부모들을 그렇게 부르고, 아이들을 거울삼아 그들을 평가합니다.

타인은 그나마 괜찮습니다. 어떻게든 안 보면 그만이고 무시할 수 있는 존재입니다. 그들이 당신한테 끼치는 영향을 무시할 수 없다면 만남을 최소화하고 당신의 가족을 관찰하는 데 집중하면 됩니다.

그렇게 노력해서 내 마음을 괴롭히던 타인이 사라지면 육아에 대한 불안이 없어질까요? 그렇지 않습니다. 집에 오면 당신의 배우자가 있습니다. 그리고 당신의 형제, 부모도 있죠. 이들은 밀어낼 수 있는 존재가 아닙니다. 나의 든든한 방패이자 언제나 내 편일 것만 같은 그들도 직접적으로 말하지 않아도 누구보다 세세히 당신의 부모 자질을 평가하고 있습니다. 아이의 행동이나 능력을 보며 당신에게 실망하기도 기뻐하기도 할 것입니다. 그들 중 몇몇은 당신한테 그것을 표하지 않는 것이 예의라 여기고, 태연자약하게 행동할 수도 있습니다. 하지만 불행히도 당신은 그들과 너무 오랜 시간을 함께했기에 아무리 태연자약하게 행동해도 그들의 목소리 톤, 눈빛, 달라지는 표정을 통해 압니다. 지금 당신이 그들의 눈에 옳은 부모로 평가받는지 아닌지…….

그러니 부모가 아이를 키울 때 자신을 검열하고, 그로 인해 스트레스를 받는 건 어찌 보면 당연한 일인지도 모릅니다. 아이를 잘 키우고자 하는 욕구는 오로지 아이에 대한 사랑, 모성애나 부성애에서 오는 것만은 아닙니다. 그 외에도 이처럼 복합적인 압박감에서 오는 다양한 감정이 섞여 있습니다.

혼란 속에서 아이를 다 키우고 나이가 들어 돌이켜 보니 누군가를 탓할 일은 아니라는 생각이 듭니다. 당신 또한 타인의 입장에서 누군가를 긴장시켰을 수 있고, 본의 아니게 당신의 평가로 인해 상처받은 부모가 있을 수 있습니다. 나는 절대 그랬을 리 없다는 오만한 생각은 하지 않기를 바랍니다. 인간은 누구나 실수를 하고 매번 옳을 수 없습니다. 그것이 인간의 한계고 그 한계를 인지함으로써 인간은 성장합니다. 그래도 위안 삼을 수 있는 것은 당신만 부족한 게 아니라는 점입니다. 당신 주변 사람만 부족한 것도 아니고 우리는 모두 부족한 모습이 있습니다. 이런 마음으로 오늘부터 스스로, 그리고 주변 사람에게 관용을 베풀기 바랍니다.

주변 사람뿐 아니라 당신은 당신에게도 관용을 베풀어야 합니다.

스스로 면죄부를 주는 게 괴로워도 당신은 그래야 합니다. 아이는 매번 사과하는 '미안한 부모'보다 '당당한 부모'를 원하고, 부모가 갈등하기보다 꿋꿋한 모습을 보일 때 안정감을 느낍니다. 당신이 주위에 무심해지고 스스로에게 너그러워지면 편안함을 느끼는 건 당신만이 아닙니다. 가족 모두의 갈등이 감소합니다. 이제 더는 '옳다' '그르다'라는 이분법적 사고에 맞추어 자신의 행동을 평가하고 몰아붙이지 말기 바랍니다. 당신이 항상 옳을 수 없는 이유는 아이가 모든 것이 처음이라는 것을 잊어서 그렇습니다.

저는 과거 딸과 정리정돈에 대한 다툼을 반복했습니다. 당연히 해야 할 일을 왜 하지 않는지 이해가 가지 않았기 때문입니다. 나중에 알았습니다. 아이는 부모가 가르쳐 주지 않으면 왜 방을 치워야 하는지 모른다는 것을요. 부모가 아이가 어지른 방을 보고 화가 나는 이유는 방을 치우는 게 당연하다는 것을 아이가 알고도 모르는 척한다고 생각하기 때문입니다. 당연한 행위를 하지 않는 아이가 이기적이고 게을러 보일 수밖에 없습니다.

아이는 방이 더러운 게 주위에 어떻게 피해를 주는지 자신의 건강에 얼마나 해로운지 모릅니다. 부모가 일러줘도 스스로 체감하지 않으면 또다시 방을 어지를 것입니다. 아이는 어떤 의도를 갖고 당신의 말을 안 듣는 게 아니라 어지른 방을 보고 당신만큼 괴롭지 않기에 치우지 않습니다. 물론 어지러운 방이 얼마나 당신을 괴롭히는지도 알지 못합니다.

이럴 땐 어지른 방을 보면 당신이 어떤 기분이 드는지 아이에게 자세히 설명해 주세요. 아이가 바로 이해하고 실천하면 좋겠지만, 그러기는 어렵습니다. 불행히도 아이를 납득시키기 전까지, 당신은 내내 괴로워야 합니다. 아이와 갈등하는 과정에서 필요 이상으로 소리를 지를 수 있고 아이의 행동을 멋대로 판단해 마음에 상처를 줄 수도 있습니다.

아이를 키우면서 당신이 접하게 되는 모든 상황은 이전에 없던 경험입니다. 당신은 태어나서 처음으로 방을 치워야 하는 이유를 아이에게 납득시키기 위해 어떤 노력을 해야 하는지 궁리할 것입니다. 이제까지 설명할 필요가 없던 모든 것들을 당신은 설명해야 합니다.

매번 새로운 경험을 하기에, 실수는 당신을 따라다닙니다. 언제나 이성적일 수 없고 바로 앞에 정답이 보여도 소리부터 지를 수 있습니다. 중요한 건 당신이 실수하고 난 후입니다. 당신의 행위가 항상 옳을 수는 없음을 아이한테 인지시키고 아이가 더는 부모를 전능한 존재로 보지 않게 하십시오. 아이들은 부모님을, 특히 엄마를 슈퍼맨으로 여기고 너무 많은 걸 바라기 때문에 때로 상처를 입습니다. 그래서 당신의 부족함을 아이에게 알려 주어야 하고, 부모도 자신의 실수를 포용해야 합니다. 부모가 내뱉는 모든 말과 행동이 진심이 아닐 때도 있고, 정답이 아닐 수도 있다는 것을 아이도 인지해야 합니다. 두려울 수 있습니다. 당신의 부족함을 알게 되면 아이가 당신 말을 듣지 않을까 봐 걱정할 수 있습니다. 그러나 절대 그렇지 않습니다. 아이들이 부모를 신으로 취급하는 것이 더욱 심각한 문제입니다. 아래 대화를 통해 부모의 부족함을 어떻게 전하면 좋을지 생각해 보세요.

"엄마 나 컴퓨터 숙제 도와줘."

"엄마는 컴퓨터 잘 못 해. 친구한테 도와달라고 하거나 컴퓨터 학원에 등록하는 건 어떨까?"

"왜 어른인데 컴퓨터를 못 해?"

"엄마가 예전에 컴퓨터를 잘못 만져서 중요한 문서가 지워졌었어. 그래서 컴퓨터 만지는 걸 무서워해. 엄마 가 모든 걸 해결해줄 수 없다는 걸 알아줬으면 좋겠다. 아! 엄마가 컴퓨터는 잘 못 하지만 컴퓨터 선생님을 소개시켜줄 수는 있지. 그게 너한테 훨씬 더 도움이 될 거야."

상담소를 찾아오는 부모들 중 아이 교육에 열의가 없는 사람은 없었습니다. 누구보다 아이를 잘 키우려 최선을 다했고, 그 과정에서 아이와 갈등이 생긴 사례가 대부분이었습니다. 아이의 모든 문제를 나서서 해결해주는 엄마도 있었습니다. 이런 환경에서 자라면 자기 결정 능력이 떨어집니다. 자신을 믿지 못합니다. 엄마가 허락하지 않은 일이나 새로운 시도는 늘 겁이 납니다. 독립심이 떨어지고 엄마가 아닌 다른 사람의 말에 귀를 기울이지 않습니다. 심해지면 엄마와의 관계만 안전하다고 느껴 교우 관계에 힘을 쏟지 않습니다. 엄마만 있으면 안전하다고 느끼는 '마마걸'이나 '마마보이'가 될 위험성도 있습니다. 설령 타인과 관계를 맺는다고 해도 타인이 자신을 엄마처럼 돌봐주거나 자기 기분을 살펴 주기 바라기 때문에 건강한 관계를 맺기가 어렵습니다.

부모가 완전한 존재가 아니라는 것을 알아야, 아이도 당신과의 관계에서 의사소통에 노력을 기울이게 됩니다. 아이가 당신한테 실망하는 것을 두려워하지 마세요. 실망은 빠를수록 좋습니다. 사회는 이미 당신의 아이를 좌절시킬 준비가 되어 있습니다. 사회에 나가기 전에 아이는 가정에서 미리 실망하고, 그것을 극복하는 힘을 배워야 합니다. 부모가 아이를 사랑하기에 기대가 커서 분노가 생길 수도 있다는 것을 알아야 합니다.

이제 왕관을 벗고 그 무거운 도포를 벗고 내려올 시간입니다. 엄숙한 표정이나 근엄한 말투도 그만두세요. 당신과 아이는 동등하게 마주서야 합니다. 그리고 부모 자식 사이의 갈등을 끝없이 조정하며 성숙해져야 합니다. 좋은 부모, 옳은 부모가 되기 위해 스스로를 자책하고 몰아붙이는 행동은 당신에게도 아이에게도 득 될 게 없습니다. 당신을 의기소침하게 하거나 우울하게 할 뿐입니다.

아이와의 관계에서 생기는 갈등은 아이와 함께 풀어 나가세요. 당신이 솔직해지는 모습을 통해 아이도 자신의 마음을 솔직하게 전달할 수 있게 됩니다. 궁극적으로는 자신의 실수에 관대해짐에 따라 아이의 실수에도 너그러워집니다. 마음을 놓으세요. 당신은 타인의 말에 귀 기울이고 있습니다. 누군가의 조언을 받아들이려 하는, 자신의 부족함을 인지하고 더 나아지려 애쓰는 충분히 괜찮은 부모입니다.

내가 화를 내는 것은
누구 때문일까?

어떤 부모가 '좋은 부모'일까요? 친구 같은 부모를 떠올린 사람도, 모든 것을 품어주는 어른다운 부모를 떠올린 사람도 있을 겁니다. 이렇게 저마다 생각하는 좋은 부모가 다른 까닭은 성장하면서 마주하는 '나쁜 행동'이 다르기 때문입니다. 그리고 그 깊숙한 내면으로 들어가 보면 좋은 부모의 정의 뒤에 보통 '우리 엄마, 아빠랑은 달리'라는 말이 숨겨져 있다는 것을 알 수 있습니다.

저는 평범한 어린 시절을 보냈지만, 4학년 때 갑자기 불행이 찾아왔습니다. 아버지 사업이 기울어졌고, 중학교 1학년 때는 엄마가 자궁암에 걸리셨습니다. 위험한 상태는 아니셨지만 그래도 저는 엄마가 어떻게 될까 불안했습니다. 밤마다 엄마가 돌아가실지도 모른다는 두려움에 잠을 설쳤습니다.

제 어머니는 끼니마다 새 밥을 지을 정도로 부지런하고 희생적인 분이었습니다. 낮에 엄마가 일하러 나가시면 조금이라도 도움이 되고 싶어 설거지를 했습니다. 엄마가 오셨을 때 깜짝쇼를 해드리고 싶었습니다. 엄마가 문을 여는 순간 저는 두근거리는 마음으로 대문 앞으로 달려갔습니다. 설레는 마음으로 엄마의 칭찬을 기다렸으나 엄마는 부엌을 보고 대뜸 화를 냈습니다.

"누가 너보고 설거지하라고 했어? 제대로 하지도 못할 거! 공부나 할 것이지!"

엄마는 제가 집안일을 하는 것보다 공부에 최선을 다하기 바라셨던 것 같습니다. 하지만 그 말을 들은 어린 저는 엄마한테 도움이 되고 싶었던 마음의 크기만큼 상처가 컸습니다. 나의 최선을 알아주지 않는 게 좌절로 다가왔습니다. 설거지뿐만 아니라 몇 번이고 엄마를 위해서 했던 행동들이 거부됐습니다. 저는 그 후로는 나서서 뭔가를 하기보다는 엄마의 말에 순응하는 데 최선을 다했습니다.

엄마에게 무조건 순응하면서 억압된 부정적 감정들은 타인에게로 향했습니다. 저의 사납고 건조한 말투는 종종 사람들에게 상처를 주었습니다. 하지만 어렸을 때는 오히려 내 의도를 몰라주는 사람들에게 서운한 감정이 앞섰고, 이로 인해 해명도 하지 못하고 보낸 좋은 인연들이 있습니다. 엄마에게 받은 상처는 나비효과처럼 인생 곳곳에서 걷잡을 수 없이 퍼져나갔습니다. 성인이 되어서도 문득문득 엄마가 나에게 했던 매도의 말들이 떠올라 무너지곤 했습니다. 제 마음 밑바닥에는 엄마로부터 채워지지 않는 공감 욕구가 있었습니다.

그렇다고 무작정 엄마를 미워할 수는 없었습니다. 미움 하나면 얼마나 편했을까요. 날카로운 말은 상처였지만 당신께서는 몇 번이나 같은 옷을 꿰매 입으셔도 저한테는 기어코 새 옷을 사주는 엄마의 모습을 보며 한없이 충만한 사랑과 숨겨야 하는 죄책감 사이에서 괴로웠습니다. 언제나 저는 죄의식을 느껴야 했습니다.

각기 다른 양가감정에 괴로워하며 결심했습니다. 나는 아이를 힘들게 만들지 않겠다고. 엄마가 그냥 좋은, 해맑은 아이로 키우겠다고.

하지만 막상 육아가 시작되자 딸에게 같은 행동을 했습니다.

딸은 중학생 때 시험 공부를 미루고 미뤄 전날 밤을 새우는 아이였습니다. 스트레스를 극심히 받아 폭식하기도 했습니다. 나는 그 모습을 보는 게 괴로웠습니다. 전할 말은 짧았습니다. '일을 미루지 말고 미리미리 해라. 네 건강이 걱정된다.'고 말하고 싶었습니다. 그러나 말이 멈춰지지 않았습니다. '게으르다, 왜 잘못했다고만 하고 변하지 않냐, 말로만 알겠다고 하는 거니, 내 말 듣고 있는 거니, 잘

못했다는 말은 왜 하니, 어차피 변하지도 않을 거, 나는 이미 너를 포기했다…….' 이렇게 한바탕 쏟아내고 나면 자괴감이 밀려들었지만 속으로 그래도 내가 엄마만큼 심하지는 않았다고 스스로를 위로했습니다.

'난 엄마한테 더 심한 말을 들었고 더 큰 상처를 받았어.
넌 그 정도는 아니잖아?'

속으로 변명하며 나를 정당화했습니다. 그렇지 않으면 내가 미워서 무너질 것 같았습니다.

딸은 속으로 곪는 스타일이라 묵묵히 내 말을 제 몸에 삼켰습니다. 혼을 내고 나면 딸은 대체로 힘이 없었습니다. 아무 말 없이 조용히 방으로 들어가 몇 시간이고 나오지 않았습니다. 저는 제 행동에 미안해졌고 아이의 잠긴 방문을 두드리며 문을 열라고 소리쳤습니다.

아이는 잠깐만 내 방에 혼자 있게 해달라고 했고 저는 장난스럽게 이 집에 네 것이 어디 있냐며, 월세를 내는 것도 아닌데 네 방이 어디 있냐며 문을 열라고 했습니다. 문을 열어주지 않으면 방 열쇠를 찾는 시늉을 해 딸이 기어코 문을 열게 했습니다.

그때는 한시라도 빨리 딸의 기분을 풀어주고 싶었습니다. 딸이 홀로 우울해하는 모습이 선명해 미안했기 때문입니다. 제 나름대로는 어색한 분위기를 해결하고 감정을 전환하기 위한 언어였으나 아이는 후에 저에게 그런 행동이 큰 상처가 되었다고 이야기했습니다. 딸은 혼자 있기를 원했지만 그것을 존중해 주지 않았으니까요.

저는 어렸을 때 혼자 있는 것을 무척 싫어했고 화가 나서 혼자 있을 때 누군가가 와서 제 감정을 풀어주기 바랐습니다. 제 감정과 딸의 감정이 같으리라 생각해 이런 언행을 했던 것 같습니다. 아이와 나의 감정을 분리하지 못한 상태였습니다. 아니, 더 솔직한 제 감정을 들여다보니 아이를 위한다는 행동의 뒤편에는, 저의 미안함을 해결하고자 하는 마음뿐이었던 것 같습니다. 혼자 있고 싶다는 아이의 말을 그 당시에는 공감하지 못했습니다.

엄마처럼 되지 않겠다고 다짐할수록 저는 엄마의 그늘에서 벗어날 수 없었습니다. 딸을 대하는 내 모습에서 엄마의 그림자를 느낄 때면 미안한 마음에 딸에게 뭐든 해주려 애썼습니다. 혼낼 때의 심각한 분위기와는 다르게 농담을 하며 분위기를 풀고, 얼렁뚱땅 넘어가려 했습니다. 아이 표정이 굳어 있으면 '표정 풀어라, 애가 왜 이렇게 융통성이 없냐? 아깐 아까고 지금은 지금이지~'라며 놀리듯 말했습니다.

이 글을 읽으며 많은 독자가 '도대체 애가 어느 장단에 맞추라는 건지, 참 정신 사나운 사람이네'라고 생각할 것입니다. 저도 예전에는 그런 생각들로 후회하는 시간이 많았습니다. 하지만 이는 제 딸을 누구보다 사랑했기 때문이라는 것을 지금 알았습니다. 누구나 사랑하는 이의 안색을 살핍니다. 사랑하는 이 앞에서 일관적으로 행동하는 건 어렵습니다. 내 마음에 충실하기보다 상대에게 맞추게 됩니다. 그 사람의 표정, 분위기, 목소리에 신경 쓰며 상대를 기쁘게 해주려 노력합니다. 사랑하는 사람의 슬픈 표정을 보는 것이 마음 아프고 견딜 수 없기 때문입니다.

지금 저와 같은 행동을 후회하는 부모가 있다면 꼭 이 말을 해주고 싶습니다.

"부모로서 일관된 훈육을 해야 한다는 다짐을 지키지 못하는 건 못난 부모라서가 아닙니다. 사랑하기에 끝까지 상대를 밀어붙이지 못하고 지고 마는 것입니다."

이런 이유로 제가 약자가 되는 순간을 아이는 몇 번이고 목격했습니다. 그래서인지 아이는 엄마를 무서워했지만 제가 시키는 대로 하거나, 자신을 바꾸지는 않았습니다. 아이는 계속 방을 치우지 않았습니다. 혼이 난 날은 방이 깨끗했지만, 일주일이 지나면 도로 아미타불이었습니다. 방이 다시 지저분해지고, 지저분한 방 때문에 아이를 혼내는 일은 딸이 고등학생이 될 때까지도 반복되었습니다.

저는 지쳤고, 화가 났고, 딸에 대한 불신이 커졌습니다. 혼내는 것만으로는 부족해 아들과 남편한테까지 동조를 구했습니다.

"애 방 좀 봐, 창피해서 어디 보여줄 수가 없어. 네 친구들은 네 방이 이런 거 아니? 여보, 당신은 어떻게 생각해? 애 방 보니까 어때?"

아들과 남편의 생각을 물은 건 정리정돈에 대한 나의 기준이 잘못된 건지 확인하기 위해서였습니다. 그러나 내 의도와 달리, 그 상황은 딸을 무겁게 짓눌렀습니다. 나중에 안 것이지만, 아빠와 동생의 대답을 기다리며 딸은 공개처형 당하는 기분이었다고 고백했습니다. 견딜 수 없는 수치심에 더는 내게 미안하지 않았다고 했습니다. 모두를 불러 놓고 모욕을 주는 엄마 때문에 더 방을 치우고 싶지 않았다고 말했습니다.

그래서였을까요. 그 사건 이후로 딸은 뻔뻔해졌습니다. 넉살이 늘었고 예전만큼 훈육이 통하지 않았습니다. 혼이 나는 순간에도 '이 순간만 넘기면 되겠지'라고 생각하는 게 제게도 느껴졌습니다.

아이가 이렇게 변한 게 다 내 탓인 것만 같아 힘들었고, 힘들기 싫어서 내 탓을 그만두고 싶었습니다. 그러자 자꾸 엄마가 떠올랐습니다. 내가 일관적으로 행동하지 못하게 한 여러 요인을 생각했습니다.

아이의 변하지 않는 모습을 모두 내 탓으로 여기면, 나는 부족한 부모임이 확실했습니다. 옛날에 이미 끝났을 엄마에 대한 부정적인 감정이 스멀스멀 올라왔습니다.

'이게 다 엄마 때문 아닐까? 엄마가 나에게 그렇게 날카로운 말을 하지 않았더라면, 좀 더 따뜻하게 칭찬해줬으면 내가 이런 엄마가 되지는 않았을 텐데……. 난 정말 우리 엄마랑은 다른, 일관적인 엄마가 되고 싶었는데…….'

하지만 엄마는 이제 제 곁에 없습니다. 살아 계셨어도 마찬가지였을 겁니다. 과거의 부정적인 기억에서 벗어나는 것은 혼자의 몫입니다. 과거 일에 대해 이야기해봤자 달라지는 건 없습니다. 그리고 무엇보다 나를 포함한 모든 부모가 그러하듯 우리 엄마도 나름대로 최선을 다했다는 것을 누구보다 잘 알고 있습니다.

엄마 탓은 그만두기로 했습니다. 부모로서 일관적이지 못했던 나를 인정하고, 완벽할 수 없는 부모임을 인정했습니다. 저는 최선을 다하고 있었습니다. 치열하게 고민하는 것이 그 증거였습니다. 어느 것 하나 쉬이 확신하지 않고 더 좋은 길이 있을까 노심초사하며 살았습니다. 남탓을 그만둔 그날부터 딸과 나, 서로에게 휴식을 주기로 했습니다.

딸의 방은 어쩌면 계속 어질러져 있겠지만, 그건 내 생각만큼 큰 문제가 아닐 수 있습니다. 사회에서도 주위를 어지럽히고 다니면 문제겠지만 다행히 그건 아닙니다. 딸이 정리정돈하지 않는 모습보다 아이의 작은 흠에 집중해 반복적으로 아이를 매도한 게 더 큰 문제입니다. 흐트러진 방은 치우면 해결되지만, 아이의 떨어진 자존감은 쉬이 치유되지 않으니까요.

아이와 부모는
한집에 사는 타인

모든 인간은 결핍을 느껴야 행동이 나옵니다. 배고프면 밥을 먹고 외로우면 사람을 찾습니다. 당신의 아이가 혼자 TV를 보며 즐거워하고 있다면 그 자체로 충분함을 인정해야 합니다. 당신이 혼자 있을 때 외롭다고 해서 아이 또한 그런 것은 아닙니다. 친구가 없는 아이가 걱정되어 보이 스카우트나 태권도 학원을 보내야 안심인 건 부모의 시선에서 판단한 것입니다. 학급의 모든 아이들과 사이가 좋아야 안심이 되는 아이가 있고 단짝만 있으면 아무래도 상관없는 아이도 있습니다. 또한 자기 자신이 친구여서 혼자 있어도 즐거운 아이도 있습니다.

엄마 배 속에서 나오는 순간 아이는 타인입니다. 분리된 육체를 인정해야 합니다. 아이는 당신이 마음을 표현하기 전까지는, 당신도 아이가 마음을 표현하기 전에는 서로의 마음을 알 수 없습니다. 나의 주관에 따라, 경험에 따라, 정보에 의존해 판단하면 오류가 생깁니다. 상대를 다 안다고 생각하는 순간 관계는 무너지기 시작합니다. 당신 앞에 있는 아이는 나와 다른 욕구와 결핍을 가진 존재임을 인정하세요.

아이가 기어 다닐 때, 말을 하지 못할 때 당신은 그들에게 전능한 존재여야 했습니다. 쉴 새 없이 아이를 관찰하고 그 아이한테 필요한 것을 주어야 했습니다. 그러나 적어도 아이가 걷고 말하며 타인과 관계를 맺는 것이 가능해지면, 당신은 아이의 첫 번째 타인이 되어야 합니다.

아이와 자신이 타인이라는 것을 인지하는 빠른 방법은 '다름'을 발견하는 것입니다. 공통점을 찾는 데 집중하기보다 '차이'를 발견하는 데 힘써야 합니다. 타인과 타인의 첫 만남을 기억해 보세요. 보통 사람들은 처음 만났을 때 가장 예의 바릅니다. 상대에 대해 아는 게 없을 때 심기를 거스르지 않으려고 조심합니다. 질문할 때도 상대의 안색을 살피고 궁금한 게 있어도 혹여 실례일까 싶어 한 번 더 생각하고 질문합니다. 폐를 끼치지 않으려고 내 감정보다 상대의 안색을 살피며 적절한 경계를 지키려 합니다. 반면 서로 친해지면, 서로를 다 안다고 생각하면, 배려는 사라집니다.

관계에 있어 적절한 거리감은 매우 중요합니다. 타인의 경계를 존중해 주어야 합니다. 모르는 사이일 때는 한번 더 확인하고 지나갈 일도 아는 사람이라는 인식이 생기는 순간 귀찮아집니다. 일일이 확인하는 수고를 그만두는 순간 상대는 멀어집니다. 상대를 다 안다고 생각하는 순간 오해가 시작됩니다.

타인은 영원한 타인입니다. 우리는 결코 서로의 몸을 포갠다고 해서, 오랜 시간을 함께한다고 해서, 가족이라고 해서, 말하지 않아도 통하는 사이가 되지 않습니다. 타인이라는 한계를 받아들이고 상대를 알려는 노력을 게을리하지 않아야 서로 만족감을 얻을 수 있는 관계가 형성됩니다.

아이의 감정을 읽으려면
부모 감정부터

아이의 감정을 읽으려면 첫 번째로 무엇을 해야 할까요? 아이 관찰

부터일까요. 아닙니다. 부모 감정 들여다보기가 시작입니다.

인간은 누구나 보상 심리가 있습니다. 아이에게 관심을 기울이기

에 앞서 자신의 감정에도 귀 기울여 주세요. 자신을 들여다보고 먼저

애정을 쏟아 주세요. 어떤 감정이든 어루만져 주세요.

부정적 감정을 겁내지 마세요. 자기 안에 숨은 감정이 어떤 것인지

인식하는 것 자체가 아이를 이해하는 데 도움이 됩니다.

감정 뒤에 있는 또 다른 감정을 '초감정'이라고 합니다. 영어로는

'메타 감정'이라고 하는데 '메타Meta'는 '~뒤에, ~넘어서'라는 뜻으로

쓰이므로 결국 초감정은 감정 뒤에 있는 감정, 감정을 넘어선 감정, 감정에 대한 생각, 태도, 관점, 가치관 등입니다.

아이는 내 안에 잠들어있던 감정의 소용돌이를 깨웁니다. 보통의 부모는 아이가 다쳐서 울 때 '세상에, 얼마나 아플까? 빨리 달래줘야지' 하며 바로 아이한테 달려가 걱정해 줍니다. 그러나 화부터 내는 부모도 있습니다.

'얘는 왜 이렇게 조심성이 없어서 맨날 다치지? 저번에도 조심하라고 했는데 말을 안 듣네!'

아이가 다쳤다는 사실보다, 조심하라는 말을 듣지 않았다는 것에 화가 나고, 부주의하게 행동했다고 아이를 질책합니다. 당장 눈앞에 아파서 우는 아이가 있는데, 화부터 난다면 내 안의 '미해결 감정' 때문일 수 있습니다. 말하고 싶었지만 참아야 했던, 눈치 봐야 했던, 영문도 모른 채 혼나야 했던 어린 내가 겪은 억울한 마음이 내 몸의 주인이 되는 순간입니다. 강박 혹은 불안이 종종 충동이 되어 나를 집어삼키고 그로 인해 아이까지 괴롭히는 것이죠.

우리는 모두 크든 작든 부모와의 갈등을 겪으며 성장합니다. 부모는 보호자이면서 권력자인 '갑'의 모습도 하고 있기에, 아이는 영문도 모른 채 혼나고 수긍해야 하는 '을'의 입장에 놓이게 됩니다.

저도 어렸을 때, 때때로 걷잡을 수 없는 분노와 슬픔이 몰려왔지만 이를 꾹꾹 누르며 모른 척하며 살아왔습니다. 내가 대면하고 피했던 감정들은, 엄마로서 아이의 감정을 공감하는 데 저의 발목을 잡았습니다. 순간 통제할 수 없어 터트린 분노는 항상 죄책감으로 돌아왔습니다.

초감정의 창시자 존 가트맨John Gottman은 '초감정은 유아기 때 형성되며, 비교적 오랜 시간에 걸쳐 무의식적으로 만들어지기 때문에 스스로 알아차리기 매우 어렵다'고 했습니다. 그러나 육아를 하는 부모는 내 안에 있는 불순물과 같은 초감정을 제대로 마주하고 흘려보내야, 아이의 감정을 있는 그대로 수용해 기질 맞춤 육아를 할 수 있습니다. 아이의 특정 행동과 말투, 언어에 민감하게 반응하고, 뒤늦게 후회하는 수순이 반복된다면 가만히 자신을 들여다보는 시간을 가지세요. 자기도 모른 채 가둬둔 기억과 감정이 있는 게 아닌지 의심해볼 필요가 있습니다.

아이가 신경질 내거나 소리를 지르면 아이가 왜 이럴까 생각하지 않고 더 크게 분노하는 엄마(아빠)가 있습니다. 머리로는 받아 줘야 한다고 생각하지만 실제로는 내 뜻대로 행동이 나오지 않는 것이죠. 이런 엄마는 어린 시절 자신의 분노를 엄마가 공감해주지 않았을 확률이 높습니다. 부정적 감정을 엄마가 공감해 주지 않고 외면하거나 꾸짖었기 때문에 자신 또한 아이의 분노를 받아 주기 어려운 겁니다. 아이의 특정 감정이나 행동에 과잉 반응하거나 무조건적 수용이 안 될 때는 내 안의 결핍이 자극된 건 아닌지 고민해 보세요.

그 과정이 어렵더라도 내 안의 숨겨진 결핍을 마주하고 채워나가야 할 필요가 있습니다. 눈물로 가득 찬 마음은 몸도 머리도 무겁게 만듭니다. 흘러갈 수 있게 길을 틔우고 가뿐해지세요. 마음에 복잡한 실타래가 있다면 시간이 걸리더라도 하나하나 풀어나가며 위로해야 합니다. 사람은 스스로를 사랑하지 않고는 다른 사람을, 올곧이 사랑할 수 없습니다.

아이에게 화를 자주 내는 게 고민이라는 엄마가 상담실을 찾아왔습니다. 엄마에게는 조심성이 없어 자주 다치는 딸이 있었습니다. 엄마는 머리로는 딸을 달래주어야 한다는 걸 알아도 야단이 앞섰다고 말했습니다.

"조심 좀 하라 그랬잖아! 앞을 보고 다니라고. 엄마 말을 왜 안 듣는 거야? 주위를 좀 보고 다니라니까!"

엄마도 머리로는 알고 있었습니다. 무작정 화를 내는 것은 아이의 주의력을 키우는 데 전혀 도움이 되지 않음을. 다쳐서 상처가 난 아이에게 괜찮은지 물어보고 위로를 우선해야 한다는 걸 알았지만, 화가 먼저 튀어나오는 것은 어찌할 노릇이 없었습니다. 후회하고 '다음에는 그러지 말아야지, 달래면서 얘기를 해야지'라고 생각해도 항상 아이가 부주의해서 다치면 타박이 먼저 나가곤 했습니다.

그녀와 저는 왜 아이의 상처를 달래주기보다 화부터 내게 되는지 그 화는 어디서 비롯된 건지 찾아가는 대화를 했습니다. 돌이켜 보니 그녀의 엄마도 자신에게 그렇게 대했다고 말했습니다. 그녀의 어머니는 그녀가 어렸을 때 다치면 달래주기보다 화부터 냈고 아픔을 공감해 주지 않았습니다. 감정과 행동은 학습됩니다. 다쳤을 때 화를 내던 엄마의 태도는 그대로 그녀에게 대물림되었습니다. 그녀의 초감정은 '화'였습니다. 상처로 남았던 엄마의 행동을 그녀는 그대로 되풀이하고 있었습니다. 초감정을 몰랐을 때는 아이에게 소리 지르는 자신에게 뜻 모를 죄책감을 느꼈습니다. 그러나 이것이 학습된 태도라는 것을 깨닫자 그녀는 자신을 용서하는 것이 우선임을 깨달았습니다. 아이한테 화내는 자신을 스스로 나무라기에 앞서 과거에 상처받은 내 안의 어린아이를 달래야 한다는 걸 알았습니다.

그녀는 완벽히 바뀌지는 않았지만, 참지 못하고 아이에게 화를 내면 뒤늦게라도 사과하고 아이의 마음을 공감해 주려 노력하게 되었습니다. 저는 부모들한테 자신의 감정과 태도를 분리하라고 이야기합니다. 하지만 그것이 어렵다는 것 또한 잘 알고 있습니다. 완벽히 바뀌는 데 목표를 두지 마세요. 자신을 알아차리는 것만으로도 바뀔 수 있는 것들이 많습니다. 초감정을 인지하는 게 중요한 이유는 부모가 자신을 자책하지 않기 위해서입니다. 애꿎은 아이한테 성질을 냈다면 스스로한테 물어보세요.

'무엇 때문에 참을 수 없었을까?'
'무엇 때문에 아이에게 소리를 질렀을까?'
'어떤 무의식이 나를 그렇게 행동하게 만들었을까?'

덮어두었던 기억을 꺼내는 건 누구에게나 두려운 작업입니다. 그때 그 감정을 정면으로 마주하지 못하고 도망쳐야 했던 이유가 있을 겁니다. 하지만 모든 고통은 가치를 수반합니다. 감정을 잘 다루어야 육아에도 감정적이 되지 않고, 아이 감정을 방어막 없이 수용할 수 있습니다. 감정 문제가 곧 육아 문제입니다.

심리학자 칼 구스타프 융Carl Gustav Jung은 '사람들은 자신의 영혼을 마주하는 일을 피하기 위해 무슨 짓이라도 한다'고 말했습니다. 당신이 가장 두려워하는 감정을 찾으세요. 진정한 성장은 그 순간부터 시작됩니다. 힘들지만 끔찍하지도 지독하지도 않습니다. 그저 힘들 뿐입니다. 그러니 어떻게든 자신 안의 울고 있는 어린아이를 꺼내 달래주세요.

애써 잊으려 했던 기억이 떠올라 나를 무너트릴까 두렵다면 어릴 때의 당신과 지금의 당신은 다른 사람임을 상기시켜 보세요. 아이일 때는 감당하기 어려웠던 감정이었지만, 어른이 된 후에는 생각보다 별 것 아닐 수 있습니다. 이미 당신은 여러 시련을 마주하고 이겨낸 어엿한 어른입니다. 당시는 이해할 수 없었던 부모의 행동도 같은 부모가 되어 보면 이해되는 경우도 많습니다. 기억을 완벽히 신뢰하지 마세요. 실체 없는 두려움과 분노에 더 이상 잠식당하지 마세요.

무의식을 의식화하지 않으면 결국 무의식이 우리의 삶의 방향을 결정합니다. 당신의 영혼을 깊이 마주하고 자신에 대해 배워나가는 자세를 가지세요. 자신을 진정으로 마주하는 작업은 어떤 식으로든 타인과의 관계도 변화시킵니다.

아이와 진정한 소통이 시작되는 순간이 기다리고 있습니다. 자기 자신의 어둠을 의식화해야 다른 사람의 어둠을 다룰 수 있습니다. 무작정 어둠을 덮어두고 빛을 추구한다고 해서 밝아지지 않습니다. 어둠을 의식화해야 밝아집니다. 무의식을 의식으로 밝혀주고 표현할 때 당신의 무의식은 보다 좋은 삶의 방향으로 자신을 이끌어줄 것입니다. 그때부터 당신은 자신을 진정으로 사랑할 수 있습니다. 자신의

모든 감정을 수용할 수 있는 부모만이 아이의 어떤 모습도 부정하지
않고 받아들일 수 있습니다.

변할 수 있을까?

건망증이 있는 편입니다. 구두로 한 약속은 자주 까먹습니다. 딸과의 약속도 그랬습니다. 딸은 화가 났고 상처를 입었습니다. 딸은 자기가 중요하지 않은 거냐고 화를 내고, 저는 하는 일이 많아 잊은 거라고 오히려 어깃장을 냈습니다. 그런 일이 수없이 반복되다 어느 순간 끝이 났습니다.

내가 변한 게 아니었습니다. 나는 계속 약속을 잊어버렸습니다. 그러나 딸은 신경 쓰지 않았습니다. 아니, 그래 보였습니다. 딸이 나한테 적응했다고 생각했습니다. 익숙해진 줄 알았고, 예민한 부분이 깎여 둥글어진 줄 알았습니다.

딸은 여전했습니다. 다만 엄마를 '포기'한 것이었습니다. 딸은 엄마를 포기함으로써 타인에 대한 기대감 또한 적어졌고 약속에 크게 의미를 두지 않게 되었습니다. 상대가 자신을 소홀히 대하는 것에 서운해하지 않았습니다.

"지키면 고마운 거고, 아니면 어쩔 수 없지."

딸은 그리 말했습니다. 딸은 사과하지 않는, 잘못하고 보상을 주지 않는, 잘못해 놓고 오히려 당당한 나와 함께하며 자신의 속상함을 속으로 삼키는 사람으로 자랐습니다.

가족 상담을 하면 부모가 같은 실수를 반복하는 경우를 자주 접합니다. 아이는 부모가 반복해서 소리를 지르거나, 약속을 어기거나, 공격하면 처음에는 슬퍼하지만 계속 그렇지는 않습니다. 슬픔의 감옥에 갇히지 않기 위해 나름 방법을 찾습니다. 자신도 약속에 둔감해져 약속 자체에 의미를 두지 않게 되거나, 부모에 대한 분노로 반발심이 생겨 말을 듣지 않는다거나 하는 것입니다. 자신의 마음을 지키기 위한 독단적 행동이며 대체로 부정적인 결과를 갖고 옵니다.

아이에게 부모는 곧 세계입니다. 부모에 대한 신뢰를 잃은 아이는 세계에 대한 신뢰를 잃고 자기 자신조차도 믿을 수 없게 됩니다. 더 이상 절망하지 않기 위해 포기를 배운 아이는 조숙해지는 게 아니라 마음에 구멍이 생깁니다. 친구를 사귀어도 애인을 사귀어도 목표했던 무언가를 이루어도 마음이 쓸쓸하고 공허하면 무슨 소용일까요. 아이가 산다는 것에 허무를 느끼지 않게 노력해주세요. 아이가 부모를 포기하지 않게 아이와의 신뢰를 지키기 위해 노력해 주세요.

아이와 약속을 지키기 위해 최선을 다하라는 것이 아닙니다. 최선을 다하면 좋지만, 당신은 이미 아이를 키우는 것 외에도 많은 활동을 해야 합니다. 아이보다 바쁘고, 오랜 세월을 살아와 습관을 바꾸는 것도 어렵습니다. 쉽게 바뀌지 않고 바뀌는 과정에서도 자주 넘어질 것입니다. 그러니 당신은 아이한테 알려주어야 합니다. 당신의 실수와 아이를 향한 애정은 아무런 관계가 없다는 것을.

저는 불행히 그 시기를 놓쳐 사람을 포기하는 법을 가르쳤습니다. 사람에 대한 포기가 빨라지면 상처받지 않을 것 같지만, 인간에 대한 회의감에 세계관 자체가 작아지는 문제가 생깁니다. 계속 말했지만, 사회는 이미 당신의 아이를 상처를 줄 준비가 되어 있습니다. 당신은 사회에서 상처받은 아이가 주저앉지 않고 일어날 수 있게 세상에 대한 신뢰를 심어주어야 합니다.

아이한테 상처를 주지 않기 위해 노력하기보다는 상처를 받았을 때 "당신의 행동과 말이 아프다, 나한테 보상을 해 달라"라고 말할 수 있는 아이로 만드세요. 자신이 느낀 감정을 표현할 수 있고 상대한테 행동수정이나 보상을 요구할 수 있어야 합니다.

당신은 육아 외에도 신경 써야 할 것들이 많습니다. 경제활동을 하고 있다면 사회활동과 대인관계에 신경을 써야 하고, 가정주부라면 집안 살림과 가계에 신경을 써야 합니다. 그러나 어린 아이의 관심은 온통 부모뿐입니다. 아이들은 부모가 자신을 사랑하는지, 미워하는지에 온통 신경이 쏠려 있습니다. 그렇기 때문에 당신의 사소한 실수에도 마음에 상처를 입는 것입니다. 당신이 아이에게 몰두하는 시간보다 아이가 당신을 관찰하고 생각하는 시간이 더 많다는 것을 기억하세요.

당신은 종종 이해가 안 될 겁니다.

'이 사소한 걸 가지고 왜 이렇게 울고불고 난리지?'

당신이 정말 가족을 위해 바쁜 삶을 보내고 있다면 이런 생각을 할 수도 있습니다.

'아주 배가 불렀군.'

아이의 투정이 현실감 없게 느껴지는 건 어쩔 수 없습니다. 그러나 당신은 성인이고 아이한테 공감하려면 노력해야 합니다. 떠올려 보세요. 당신도 아이였고 한때 당신의 신경은 모두 부모에게로 쏠려 있었습니다. 부모에게 사랑받는 것, 인정받는 것 그 하나만으로 생활하던 때도 있었습니다. 아이의 작은 세계가 당신으로 가득 찬 것을 인정하고, 아이의 아픔을 존중해 주세요. 아이가 혼자 동굴에 숨어 웅크리기 전에 부모가 먼저 손을 뻗어야 합니다.

또한, 아이는 자신의 부모가 전지전능하지 않다는 걸 깨달아야 합니다. 그리고 부모도 같은 실수를 반복하는 자신과 같은 '인간'이라는 것을 인지해야 합니다. 아이가 당신의 실수를 지적하며 속상함을 토로하면 이렇게 말하세요.

"엄마가 너랑 한 약속을 잊어서 속상했구나. 미안해. 너한테 소홀해서가 아니야. 엄마는 항상 널 사랑해. 다만, 엄마도 사람이라서 실수하고 잘못할 때가 있어. 그럴 때는 참지 말고 지금처럼 엄마한테 네 마음을 알려줘. 엄마의 어떤 행동이 너를 슬프게 했고, 어떻게 해야 네 마음이 나아질 것 같은지."

아플 때 아프다고 말하고, 필요한 약을 요청할 수 있는 아이로 키우면 부모는 자신의 몫을 다하는 것입니다. 아이한테 완벽한 부모가 될 필요는 없습니다. 당신이 완벽하면 오히려 아이가 무능력해집니다. 밖에 나가면 불완전한 사람들도 많고 그들은 모두 크고 작은 실수를 하며 당신의 아이에게 상처를 줍니다. 아이에게 당신이 부모이기 이전에 실수하는 인간이라는 것을 납득시켜 주세요. 역지사지 입장으로 부모를 바라보게 하세요.

✎ 가치관을 주입하려 하지 않기 ✎

아이를 상담소로 보내는 부모들은 보통 이렇게 말문을 엽니다.

"우리 아이가 왜 이럴까요? 이해가 안돼요. 어떻게 하면 아이랑 정상적인 대화를 할 수 있을까요. 학업을 떠나서 인격적으로 잘 성장할까 걱정이에요."

아이를 걱정하는 것처럼 보이지만 이는 다분히 부정적인 의도가 서린 물음입니다. 현재의 상태를 잘못됐다 여기고 이를 고치려는 의도가 다분히 서려 있는 말입니다. 아이의 돌발 행동에 대한 올바른 물음은 이겁니다.

'평소 내가 아이의 감정을 읽어 주었을까?'

아이의 행동에 초점을 맞추기보다 감정을 들여다보는 것이 관계의 초석입니다. 별난 행동은 있어도 별난 감정은 없습니다. 거슬리는 아이의 행동 뒤에 숨은 감정을 들여다봐야 합니다.

꽃밭에서 소란을 피우는 아이가 있다고 상상해 보세요. 어떤 감정이 드나요? 이번에는 소란을 피우는 아이의 시선과 손을 들여다보세요. 어떤가요? 우리는 이처럼 아이가 꽃밭을 어지럽히는 행동에 주목하지 말고 아이가 꽃을 꺾지 않았음을, 꽃을 들여다보지도 않고 있다는 것에 주목해야 합니다. 그 아이가 꽃밭에서 소란을 피운 이유는 꽃에 관심이 있어서가 아니라 자신에게 관심을 주기 바라는 것입니다. 무엇이 아이를 가만히 있지 못하게 하는 걸까요? 무엇이 아이를 불안하게 하고 당신의 관심을 원하게 하는 걸까요? 꽃밭을 어지럽히는 아이의 행동을 무작정 저지하는 것보다 아이가 보여 주는 행동 속에 숨은 메시지를 읽어야 해요. 아이가 당신의 관심이 필요로 한다는 것을 알아야 합니다. 아이는 언어뿐만 아니라 몸으로도 자신을 표현합니다.

부모는 아이를 교육하는 것도 중요하지만 무엇보다 아이의 감정을 읽는 것이 첫째입니다. 행동에는 옳고 그름이 존재하지만, 감정에는 옳고 그름이 없습니다. 감정을 드러내는 것도 아이에게는 좋은 때와 나쁜 때가 없습니다. 아이가 자신의 감정을 창피해하면 안 됩니다. 감정을 숨기려 들면 안 되고 자신이 느끼는 바를 부모에게 솔직하게 표현할 수 있어야 합니다. 사람들의 시선을 끄는 아이의 과잉 행동 뒤에 숨겨진 애정 욕구를 외면하지 마세요. 아이의 감정을 선별해서 수용하지 마세요. 옳은 감정, 나쁜 감정을 구별하지 마세요. 감정은 받아들이되 행동의 제제가 필요할 뿐입니다. 아이의 분노, 슬픔, 기쁨, 두려움을 모두 수용해 주세요.

아이가 감정을 표현했을 때 부모가 어떤 반응을 보이느냐에 따라 아이의 마음 생김새가 결정됩니다. 또한 자신의 감정이 다른 사람에게 얼마나, 어디까지 허용되는지 그 범위도 결정됩니다. 아이의 뇌는 무의식적으로 감정을 표현할 때 부모가 허용하는 범위에 맞추려 합니다. 환영받지 못하는 감정은 허용 범위 바깥으로 밀려납니다. 어린 시절부터 허락된 감정만을 의식하면서 성장하는 존재입니다. 부모에게 부정당한 감정은 아이 또한 인정하기 어렵습니다. 갈 곳 잃은 감정은 은폐되고 억압됩니다. 아이가 자신의 분노와 질투, 슬픔과 외로움을 모두 직면할 수 있게 도와주세요.

만일 아빠가 아이에게 슬픔을 이겨내고 긍정적으로 생각하라는 말을 반복한다면 아이도 자신의 슬픔을 인정하지 않습니다. 자신이 왜 슬픈지 생각하지 않고 무작정 행복한 척 위장할 수 있습니다. 토해내지 못한 슬픔은 우물이 되어 마음속에 머무릅니다. 아이의 마음에 슬픔연못을 만들지 마세요. 슬픔을 기꺼이 받아들이고 이름을 붙이도록 도와주는 사람이 없다면 아이는 어른이 되어서도 슬픈 감정을 감당하기 어려워집니다. 저지당한 감정 표현은 다양한 감정 문제의 원인이 됩니다. 우울증이 생길 수 있는 초석이 됩니다.

무엇보다 가장 큰 문제는 아이의 내적 진실성과, 취약한 감정을 드러내는 데서 생기는 활력이 희생된다는 점입니다. 부모 마음에 드는 모습을 보일 때만 아이를 따뜻하게 대한다면 아이는 부모와의 관계에서 휴식을 취할 수 없습니다. 부모가 좋아하는 모습을 보이는 데 온통 신경이 쏠리기 때문입니다. 부모와의 관계에서 진실할 수 없는 아이는 타인과의 관계에서도 솔직해질 수 없습니다. 누구 앞에서도 진짜 '나'일 수 없다면 아이는 어디에 있든 고독하지 않을까요?

아이가 거짓된 모습으로 당신을 대하게 두지 마세요. 지저분한 감정, 혼란스러운 감정, 상처를 주는 감정도 모두 소중한 감정입니다. 어떤 감정은 좋고 어떤 감정은 싫고, 그렇게 각인된 아이는 타인을 대할 때도 상대의 모든 것을 포용하지 않습니다. 상대의 좋은 면, 나쁜 면을 구별해서 받아들이고 판단하려 합니다. 상대를 교정하고 좋은 면만 보여주기를 요구할 수 있습니다. 건강한 관계를 형성해나갈 수 있는 아이로 키우려면 아이가 자신의 모든 감정을 수용할 수 있게 열린 마음을 갖고 아이를 만나세요. 부모에게는 아이의 모든 감정이 건강하게 해소될 수 있게 도와줄 책임이 있습니다.

부정적인 감정 표현을 금지당한 아이는 어떻게 될까요?

자기존중감이 낮아지고 자신의 감정에 의구심을 갖게 되며 솔직할 수 없습니다. 자신의 감정을 정확히 알아야 정체성의 혼란에 빠지지 않고 살 수 있습니다. 자신한테 떳떳하지 못하면 본래의 모습대로 살지 못하고 그럴듯한 가면 뒤로 자신을 숨기고 살아가게 됩니다. 내가 '나'일 수 없어 가면을 써야 하고 항시 이것이 벗겨질까 긴장할 수밖에 없습니다.

긴장은 사람을 어떻게 만들까요?

여러분의 어린 시절을 떠올려 보세요. 부모님께 거짓말하고 들킬까 봐 초조했던 때가 있을 것입니다. 불안하고 심장이 빨리 뛰며 정상적인 사고를 하지 못했을 겁니다. 아이가 그렇게 살아가기를 바라시나요? 그게 당신이 원하는 아이의 모습인가요? 아닐 겁니다. 아니어야만 합니다. 무엇보다 첫째로 원하는 것은 아이의 티 없는 맑은 얼굴이어야 합니다. 아이가 있는 그대로 자신을 수용할 수 있게 도와주는 부모가 되세요.

➤➤ 당연한 것을 기대하지 않기 ◀◀

'이런 것도 일일이 말해야 해?'

이런 질문이 머릿속에 떠오른 순간 재빨리 그 질문을 쓰레기통에 버리세요. 가족이라는 함정에 빠져 쉬운 길을 선택하지 마세요. 말해야 합니다. 표현해야 합니다. 과거에 여러 번 말했건, 이미 행동으로 표현했건 그건 별개의 문제입니다. 당신은 지겨워도 그 말을 계속해야만 합니다.

상대가 바뀌지 않는다고 속상해하지 마세요. 어질러진 방에 화가 나는 건 당신이지 아이가 아닙니다. 당신한테 심각한 문제가 아이한테 그렇지 않은 건 어찌할 바 없는 노릇입니다. 아이가 당신의 감정에 공감하지 못하는 건 공감 능력이 없어서가 아니라 미발달된 상태이기 때문입니다. 아이는 성장 중입니다. 당신이 성인을 상대하고 있는 게 아닙니다. 한두 번 얘기해서 알아듣지 못하는 것은 당연합니다.

방을 정돈하는 게 당연하다는 것을 아이는 모릅니다. 지저분한 방이 얼마나 당신을 괴롭게 하는지 전달하기 위해 당신은 노력해야 합니다. 지저분한 방이 건강에 얼마나 안 좋은지 논리로 설득시키려 하지 마세요. 아이의 그런 행동이 당신을 어떤 기분에 들게 하는지 이해시키지 않는다면, 권위자의 횡포일 뿐입니다.

방을 치우지 않은 아이를 비난하지 마세요. 이기적인 아이, 게으른 아이, 공감 능력이 없는 아이 등 아이에게 부정적 꼬리표를 달아주는 것은 아이를 비참하게 하고 분노케 합니다. 사실 엄마의 시선과는 다르게 아이의 어지러운 방 안에는 나름의 질서가 있을 수 있고 아이는 그곳에서 편안함을 느낄 수 있습니다. 엄마의 분노를 가라앉히기 위해 당장은 방을 치울지 몰라도 방은 다시 어질러질 수 있습니다. 당신은 매번 정리정돈에 관해 아이와 곤욕을 치르며 싸워야 할 것입니다. 아이가 스스로 방을 치우고 싶다는 감정을 갖게 하세요. 그렇지 않으면 아이는 부모와의 다툼 속에서 자신의 부족함만을 계속 확인할 뿐입니다.

부모의 기대에 자신이 부응하지 못한다고 인지하면 아이는 수치심을 느낍니다. 사람들은 수치심을 느끼면 자신을 부끄러운 존재로 여겨 숨고 도망치고 싶어 합니다. 아이는 어디로 도망칠까요? 핸드폰으로, 컴퓨터로, 아니면 다른 사람에게로 도망칩니다. 부끄러운 자신과 마주하는 것은 상당히 괴로운 일이니까요. 아이는 모자란 자신을 보기 괴로워 끊임없이 다른 것에 관심을 쏟고 의존합니다.

의존이 계속되면 중독이 됩니다. 미디어 중독, 게임 중독, 니코틴 중독, 성 중독 등 대부분의 중독은 자신을 탐구하지 않고 외부 대상에 정신을 쏟는 행위입니다. 아이가 부모로부터 도망치게 두지 마세요. 수치심은 어떤 식으로든 마주하기 힘든 감정입니다. 당장은 아이가 방을 치우게 만들어도 그건 권력자에 대한 복종이지 부모의 감정을 헤아려서 나오는 행동은 아닙니다.

"노트를 왜 못 찾아? 물건을 쓰고 제자리에 놓기만 하면 되는데 여기 두고 저기 두고 하니까 못 찾지. 똑같은 말을 몇 번이나 해야 하니? 썼던 자리에 그대로 두는 게 어렵니?(논리와 사실 열거)"

엄마는 맞는 말을 했다고 생각하겠지만, 아이에게 맞고 틀리고는 중요하지 않습니다. 논리보다 어조에 대한 반응이 먼저 일어납니다. 엄마의 짜증 섞인 목소리와 피곤한 표정에 반응합니다.

'조금 더 둘러보면 찾을 수 있는데……. 가뜩이나 안 보여서 짜증 나는데 엄만 또 왜 저래, 듣기 싫다. 그냥 날 좀 믿고 알아서 찾게 내버려 두면 안 되나?(감정)'

아이의 뇌는 논리로 움직이지 않습니다. 특히 전두엽이 완성되지 않은 어린아이에게 이성적 행동을 바라는 것은 불가능합니다. 생각의 뇌, 이성의 뇌인 전두엽은 발달하는 데 시간이 오래 걸립니다. 전두엽은 아이가 말을 배우고 글을 익히면서 차츰 발달하다가 초등학교 4~5학년 때쯤 가완성됩니다. 하지만 아직 수준이 높지 않습니다. 거짓말이 나쁘고 숙제를 해야 하고 시간 약속을 지켜야 한다. 등 학교와 집 사이를 오갈 때 필요한 수준의 생각과 판단을 할 수 있을 뿐 어른처럼 복합적인 사고와 판단을 하기는 부족합니다.

최근의 뇌과학 연구를 보면 초등학교 4~5학년까지 가완성되었던 전두엽은 사춘기 동안 대대적인 리모델링 작업에 들어간다고 합니다. 따라서 아동기와 청소년기 때까지도 생각하고 판단할 힘이 약하다는 뜻입니다. 전두엽이 완전히 틀을 잡으려면 남자는 평균 30세, 여성은 평균 24~25세는 되어야 한다고 합니다. 남녀를 통합했을 때 27~28세는 되어야 전두엽이 온전히 기능하고 작동한다는 이야기입니다. 이른바 '철들었다'고 표현할 만큼 계획, 판단, 우선순위 결정, 감정 조절, 충동 조절을 할 수 있게 된다는 뜻입니다. 그런데 아직 전두엽이 미처 발달하지 않은 아이들에게 어른처럼 생각하고 판단하기를 기대하면, 아이는 무엇을 요구하는 것인지 몰라 혼란스러울 수밖에 없습니다.

이렇게 논리와 이성만을 앞세운 대화는 아이에게 수치심으로 남을 뿐 마음을 움직이지는 못합니다. 아이와 당신은 '100분 토론'을 하는 게 아닙니다. 승자와 패자가 있는 대화를 나누지 마세요. 아이가 두 발로 걷는다고 해서 당신과 같은 언어를 사용한다고 해서 같은 사고 능력을 갖추고 있는 게 아닙니다. 아이의 행동을 교정할 때는 당신의 감정을 아이의 기질에 맞게 전달하는 데 주력하세요.

⟫⟩ 있는 그대로 인정하고 수용하기 ⟨⟪

무조건적인 사랑이 충족되지 않은 아이는 살아갈 의욕을 느끼지 못합니다. 인간에게 필요한 가장 기본적인 토대가 없는 것입니다. 연료 없는 자동차를 타고 드라이브를 하라고 강요받는 것과 같습니다. 혹은 따뜻한 코트 없이 겨울을 지낼 것을 강요받는 것과 같습니다. 살아가는 것 자체가 고통입니다. 양육자에게 충분한 사랑을 받아야 애착에서 해방될 수 있고 적극적인 에너지를 발휘할 수 있습니다. 또한 사랑이 충만해야 다른 사람을 사랑할 수 있는 능력도 만들어집니다. 양육자의 무조건적인 사랑을 충분히 받은 아이는 마음의 지주가 바로 서 있습니다. 그렇기에 다른 사람에게 미움받는 것을 두려워하지 않습니다. 책임을 지는 것도 두려워하지 않습니다. 책임을 회피하지 않고 비판을 두려워하지 않습니다.

아이의 심리적 성장에 가장 좋은 양분은 안도감입니다. 자신이 어떤 사람이건 미움을 받지 않는다는 안도감이 있어야 안정감 있게 성장하고 자립할 수 있습니다. 심리적 자립은 나라는 존재 그대로 자신감을 느끼는 것입니다. 마음의 지주가 갖추어지면 누군가 자신을 미워한다고 해서 자신이 쓸모없는 인간이라고 생각하지 않습니다.

좋은 양육자는 아이의 기질을 있는 그대로 인정하고 지지합니다. 아이가 스스로 만족하고 안심해야 안정감을 느끼고 성장할 수 있습니다. 양육자와의 커뮤니케이션이 충족되지 않을 경우 다른 어떤 인간관계가 형성되면 바로 거기에 매달려 버립니다. 이들은 가족이나 연인에게 지나치게 의존적인 태도를 취합니다. 결과적으로 이들은 바람직한 인간관계를 형성하기 어렵습니다.

상대방에게 의존하면 자기 생각이나 의지를 제대로 피력하지 못합니다. 인정을 받고 싶으면서도, 한편으로 상대방을 두려워하기 때문입니다. 이때의 공포는 상대방에게 의존하는 마음 때문에 발생하는 결과입니다. 일상생활에서의 의존 심리와 공포의 관계를 확실하게 이해해야 합니다. 의존적인 아이는 해야 할 말, 하고 싶은 말을 하지 못하고 '그래, 참자' 하고 포기해 버립니다. 또는 내가 말하지 않아도 상대방이 속마음을 헤아려 주기 바랍니다. 그러나 대부분 상대방은 이쪽에서 기대하는 것처럼 마음을 헤아려주지 않기 때문에 문제가 생깁니다. 솔직하고 분명하게 속마음을 전달했다면 발생하지 않았을 문제들입니다. 이후 문제를 처리하는 과정에서도 역시 이런 착각을 합니다.

'말하지 않아도 내 마음을 알아주겠지?'

안일한 착각으로 인해 해야 할 말, 하고 싶은 말을 하지 않습니다. 그 결과, 문제는 눈덩이처럼 부풀려집니다. 문제가 더 큰 문제를 낳는 식입니다. 어느 단계에서라도 솔직하고 분명하게 말했다면 그렇게까지 확대되지는 않았을 것입니다.

왜 말하지 못했을까요?

그 사람의 마음속에 자리 잡고 있는 '상대방에 대한 공포' 때문입니다. 그 공포는 앞서 말했듯이 타인을 의존하는 심리가 만들어낸 결과물입니다. 의존 심리가 강한 아이는 문제를 일으키고, 시간이 지날수록 문제를 확대합니다. 해야 할 말을 하려면 용기가 필요하지만, 의존 심리가 강한 아이에게는 그런 용기가 없습니다. 용기는 마음의 지주를 구성하는 필수 요소입니다.

양육자에게 무조건적 사랑과 지지를 받지 못한 아이는 독립할 재간이 없습니다. 의존적인 아이는 온전한 어른으로 성장하기 어렵습니다. 문제가 발생하면 해결하기 위해 나서기보다 일단 도망치기 때문입니다. 아이의 독립을 위해 무조건적 사랑이 선행돼야 하는 이유입니다.

심리학자 프로이트Sigmund Freud의 말을 기억해 주세요.

'인간은 사랑받는다는 사실을 확신할 때 용기를 얻는다.'

부모만이 아이에게 이 험한 세상을 살아갈 수 있는 용기를 심어줄 수 있는 존재입니다.

내가 정답이 아님을
인정하자

육아는 당신을 감정의 소용돌이에 휩싸이게 합니다. 차분하게 타일렀다가 엄하게 말했다가 소리를 질렀다가 외면하는 과정은 통과의례와도 같습니다. 육아는 하나부터 열까지 서로를 알아가는 과정의 시작입니다.

"왜 이렇게 말을 안 듣지?"

"똑같은 말을 몇 번이나 해야 하는 거지?"

의구심은 끊임없이 생산됩니다. 그렇습니다. 육아는 당신에게 좌절을 가르칩니다.

아이가 자신의 의사를 내세우는 순간부터 싸움은 피할 수 없습니다. 처음에는 아이의 말을 공감하고 들어주려 노력하지만, 이내 한계를 느끼게 됩니다. 함께 하는 시간은 많아지는데 대화는 점점 어려워집니다. 왜 그럴까요? 그 이유는 당신이 자신의 가치관만 내세우기 때문입니다.

'주도권 싸움'이라는 말이 있습니다. 누가 운전석에 앉고 조수석에 앉을 것인가를 두고 싸우는 것입니다. 부모는 아이를 자신의 차에 태우고 주행하는 것이 아닙니다. 운전석에 앉는 것이 나 한 명이어야 한다고 생각하지 마세요. 그럼 아이는 조수석에 앉아 묵묵히 입 다물고 가야 하나요? 자신에게 물어보세요. 내가 원하는 게 싸움에서 이겨서 얻는 승리감인가? 아니면 깊이 사랑하는 관계에서 느껴지는 만족감인가? 승리감을 택했다면 만족감은 포기해야 할지도 모릅니다. 그리고 내가 맛본 승리감과 반대로 싸움에서 진 패자는 모멸감과 수치심을 느끼고 관계를 맺을 때 자신을 보호하려고 하며 더 이상 솔직하게 상대를 대하기 어려워집니다.

> ⤳ 판단은 일단 보류하기 ⤴

아이와의 대화에서 부모 마음대로 '판단'을 내리는 것만큼 위험한 게 없습니다. 판단하는 순간 '오해'가 시작됩니다. 판단은 어떤 대상을 인식하고, 정확하게 예측함에 있어 가장 큰 적입니다. 아이의 말과 행동을 곱씹어 생각하세요. 부정적으로 판단하기 전에 스스로에게 과연 그런 의미가 맞는지 자문하고 판단을 멈추는 태도가 필요합니다. 어려운 일입니다. 눈앞에 아이의 잘못이 너무도 객관성을 띄는 것처럼 보일 수 있으니까요.

고대 그리스 철학자 소크라테스Socrates는 성급하게 다 안다고 생각하는 것은 심각한 오류의 근원이 된다고 밝혔습니다. 또한 독일의 철학자 에드문트 후설Edmund Husserl은 판단을 보류하는 것을 '에포케epoche'라고 정의하고 그 중요성을 강조했습니다. 에포케는 고대 그리스어로 '정지, 중지, 중단'을 의미합니다. 에포케는 다양한 내용을 시사해 주는 사고관으로 당신이 객관적 사실이라고 생각하는 것을 보류함을 뜻합니다. 우리가 육아를 할 때도 '에포케'가 필요합니다. 아이의 행동에 옳고 그름을 결정한 뒤 대화하지 마세요. 아이의 말을 끝까지 듣고 판단하겠다는 태도를 보여야 아이도 열린 마음으로 대화에 참여합니다.

당신과 아이는 너무도 많은 사항들을 의논해야 합니다. 살아감에 있어 하나부터 열까지 맞춰야 하는 것들이 기다리고 있습니다. 그러니 부디 함께한 시간에 기대어 아이를 다 안다고 생각하지 마세요.

작은 일도 아이에게 질문하고 아이의 말을 경청해 주세요.

아이가 부모의 말을 안 들을 때에도 아이의 말을 경청해 주는 부모는 흔하지 않습니다. 자신의 감정에 빠져 아이의 언어를 곡해하기 일쑤입니다. 아이에게 쏘아붙이고 싶거나 자신의 의지대로 이끌어오고 싶을 때는 기억하세요. 나에게 보이는 세상과 아이에게 보이는 세상이 다르다는 것을요. 우리는 저마다의 창을 통해 세상을 인식합니다. 세상을 보는 자신의 창이 객관적이고 옳다고 믿으면, 어긋난 차이가 해소될 수 없습니다.

가치관에는 옳고 그름이 없습니다. 이성의 영역이 아니기 때문입니다. 가치관은 감정적 중력에 바탕을 둡니다. 사람들은 같은 것에 가치를 두는 사람을 끌어당기고 상반되는 가치관을 가진 사람은 밀어냅니다. 가치관은 감정의 영역이고 주관적인 것이며 경험에 의해 형성됩니다. 다른 부모와 환경 속에서 자라난 당신과 아이의 가치관은 다를 수밖에 없습니다.

어떤 상식이 옳은가 경쟁하거나 아이에게 자신의 의견을 주입하지 마세요. 절대적인 가치는 존재할 수 없습니다. 사람들은 경험의 의미를 가치관을 통해 이해합니다. 당신과 아이는 다른 사람이기에 인생의 역경을 이겨내는 방법도, 문제를 대하는 태도도 다릅니다.

부모의 가치관을 없애란 말이 아닙니다. 작은 부분에 현미경을 들이대지 말라는 뜻입니다. 아이의 작은 행동 하나하나를 판단하고 걱정하고 바꾸려 하지 마세요. 전체적인 관계를 훼손시키는 행위니까요. 틈새를 벌려 이를 큰 구멍으로 확대하면 안 됩니다.

모든 사람은 무언가를 믿고 있습니다. 허무주의자도 인생에 중요한 게 없다고 '믿는' 사람들입니다. 결국, 다 믿음입니다. 중요한 질문은 '무엇을 믿을 것인가'입니다. 아이를 키우는 우리는 '다름이 관계를 훼손시킬 수 없다'고 믿어야 합니다.

지혜롭게 포기할 줄 알기

육아는 당신에게 지혜로운 포기를 가르칩니다. 과장해서 말하면, 노력하면 무엇이든 해낼 수 있다는 믿음을 포기하는 과정이 결혼입니다. 좌절하지 마세요. 당신은 이미 부모님, 형제와의 성장 과정에서 포기를 배웠습니다. 더 이상 포기하지 않기 위해 새로운 보금자리를 만들었지만, 받아들이세요. 가족은 애초에 포기를 가르치기 위한 공동체일지도 모릅니다. 포기를 절망으로 받아들이지 말고 함께하는 과정으로 받아들이세요. 포기는 관계를 지속시키기 위한 지혜로운 선택입니다.

간혹 아이가 부모 말대로 행동하기 바라는 사람들이 있습니다. 아이는 당신이 원하는 것을 채울 수 있는 존재가 아닙니다. 자기가 주고 싶은 것을 줍니다. 당신도 똑같습니다. 주고 싶은 것을 줍니다. 우리는 상대방이 원하는 것이 아니라 내가 주고 싶은 것을 주면서 상대가 고마워하기를 바랍니다. 그리고 내가 원하는 것을 주지 않는 상대에게 분노합니다. 갈등의 시작과 끝은 이것이 전부입니다. 아이와 마음을 열고 대화할 수 있는 상대로 남고 싶다면 기억하세요. 사랑을 유지하게 하고 화합하게 하는 것은 '인정과 포기'입니다.

아이는 언제나 자신이 줄 수 있는 최고의 것을 당신에게 주고 있습니다. 부모님의 잔소리를 지겨워하면서도 참고, 오늘도 밥을 끝까지 다 먹고 졸린 눈을 비비며 학교에 갑니다. 친구와 놀고 싶지만 숙제를 하고, 어릴 때는 억울해도 꾹 참고 부모님 말에 따르기도 합니다. 부모가 아이를 위해 인내하는 만큼 아이도 부모와의 관계를 지키기 위해 노력합니다.

스스로 쓴 안대를 벗으세요. 서로가 최선을 다하고 있습니다. 사회는 전쟁터입니다. 지치고 힘든 몸을 뉘일 쉼터가 가정입니다. 불을 지피고 지친 몸을 녹일 수 있는 보금자리로 남아주세요.

안팎이 모두 전쟁터면 아이는 어디서 몸과 마음을 쉴 수 있을까요.

아이가 마음을 열고 어려움을 토로할 수 있는 존재는 부모여야 합니다. 여유를 가지세요. 아이한테 수치심을 주지 말고, 무작정 몰아붙이지도 마세요. 특히 아이가 부모를 두려워하게 만들지 마세요. 아이가 주는 것에 고마워하지 않고 부모로서 요구만 늘어놓으면, 아이 마음의 빗장은 잠기게 됩니다.

›› 아이에게 휴식처가 되기 ‹‹

아이가 내 뜻대로 되지 않아 생기는 공허함은 스스로 해결해야 합니다. 사실 자식으로만 살다가 하루아침에 부모가 되었으니 힘겨움이 기다리고 있는 건 어찌 보면 당연한 일입니다. 이를 특별한 감정으로 취급하지 마세요. 인간은 특정한 순간에만 슬픈 것이 아니라 사실은 대체로 슬픈 감정을 지니고 있습니다. 슬픔을 저항하거나 이겨내려 하지 마시고 그 감정이 자연스럽게 몸 안에서 빠져나가게 도와주세요. 친구를 만나는 것도, 취미 활동을 하는 것도, 상담사를 만나는 것도 좋습니다. 전적으로 아이에게 의존하지 않고 감정을 배출할 수 있는 통로를 찾아야 합니다.

"갈등을 피하면 관계는 유지될 수 없습니다. 관계를 맺는다는 것 자체가 갈등을 마주하고 풀어 나가는 과정입니다."

예의 바르고 말대꾸하지 않되 솔직하게 애정을 표현을 하는, 귀찮게 하지 않는 아이를 기대하지 마세요. 아이에게 바라는 게 많을수록 내가 더 힘들어집니다. 눈앞이 캄캄할 정도로 육아가 벅찰 때가 찾아온다면, 혹시 내가 아이에게 바라는 게 너무 많은 건 아닌지 의심해보세요.

관계에서 중요한 것은 '항상성'입니다. 무리하지 않고 해낼 수 있는 정도를 유지해야 합니다. 완벽한 엄마를 꿈꿀 필요가 없습니다. 남들과 자신을 비교하지 마세요. 친구네 집에 놀러 갈 때마다 말끔하다고 해서 당신 집도 그럴 필요가 없습니다. 나의 최선이 남들과 다를 수 있다는 것을 인정하세요. 육아는 하루도 거를 수 없는 일입니다. 당신의 육체는 당신의 모든 요구에 완벽히 부응할 수 없습니다. 육아가 버겁다면 기억하세요. 일도 잘하고 요리도 잘하고 남편도 잘 챙기는 완벽한 여자는 당신의 이상향인 겁니다. 아이가 부모에게 기대하는 이상향이 아닙니다.

매사 잘 해내려는 긴장감은 다른 사람에게도 전달됩니다. 아이 교육을 잘하는 것보다 중요한 것은 아이를 정서적으로 쉽게 하는 겁니다. 스스로에게 세운 엄격한 기준은 나뿐 아니라 가족도 긴장하게 합니다. 나한테만 엄격하고 남한테는 너그럽다고 생각하는 것은 과신입니다. 인간의 보상심리를 얕보지 마세요. 내가 편안해야 주위 사람들도 편안함을 느끼고 충분한 휴식을 취합니다.

만일 가족들이 당신과 함께 있는 것을 피하고 자꾸 문을 닫고 방으로 들어간다면 안타깝게도 당신은 이미 가족에게 불편한 존재인 겁니다. 아이에게 피하고 싶은 존재이고 싶나요? 보다 편안해지세요. 한 공간에 둘이 있어도 혼자 있는 것처럼 서로에게 편안한 사람이 되세요. 그것이 아이가 바라는 부모의 이상향입니다.

확실한 건 당신은 그 누구에게도 당신의 가치를 증명하지 않아도 됩니다. 당신은 물론이고 가족도 부담스럽습니다. 그리고 무엇보다 매일 하는 집안일을 과소평가하지 마세요. 청소하고 빨래하고 요리하느라 피곤했는데 아이를 위해 무리해서 놀아주거나 과일을 깎을 필요는 없습니다. 말하지 않아도 알아서 하는 척척박사가 되기 위해 애쓰지 마세요. 아이가 외로워 보인다고, 심심해 보인다고 애써 이야깃거리를 찾지도 마세요. 당신도, 아이도 말하고 싶을 때 하면 됩니다. 그래야 편안합니다. 아이가 아니라 자신의 마음에 좀 더 귀 기울여도 괜찮습니다. 아이와 당신은 일상을 공유하고 있고, 건조하지도 대화가 부족하지도 않습니다. 그저 잔잔한 겁니다. 잔잔함을 소중히 여기고 적막을 두려워하지 마세요. 오늘 하루도 수고했고, 내일 하루도 잘 버텨주길 바라며 아이를 안아 주는 것으로 당신의 역할은 충분합니다. 분리된 육체는 저마다 다른 꿈을 꾸고 일어납니다. 아이에게 부모가 안전한 쉼터가 되어주는 게 무엇보다 중요합니다.

＞＞ 아이와 편안하게 대화하기 ＜＜

아이와 대화할 때는 크게 3가지를 주의하세요.

하나, 논리에만 의존하지 않는다.
둘, 말을 끊지 않는다.
셋, 부정하지도, 비난하지도 않는다.

① 논리에만 의존하지 않는다.

아이를 훈육할 때는 설득이 아니라 이해가, 이해보다는 공감이 필요합니다. 엘리트 의식이 강한 사람일수록 일상적인 대화에서 고전하는 경우가 많은데, 이는 사람이 논리에 의해 움직인다고 생각하기 때문입니다. 논리는 필요조건이지만 충분조건은 아닙니다. 대화는 토론이 아니기에 나의 주장을 관철시켜 설령 대화에서 이겼다고 해도 얻는 것은 아이의 패배감뿐입니다.

금지와 차단은 아이의 감정을 상하게 합니다. 아이에게 '하지 마'라고 하기보다 '~하는 게 어떨까?'처럼 아이에 대한 존중과 호감이 드러나는 권유의 어조를 사용해 보세요. 아이의 민감한 부분에 마음을 쓰면서도 욕구를 명확하게 말할 수 있으면 날카로운 말들이 오가지 않습니다. 대화의 목표가 자신의 논리를 내세우기 위함이 아니라는 것을 잊지 마세요. 결코 논리만으로는 사람의 마음을 움직일 수 없습니다.

앞으로도 아이는 당신을 전적으로 따라주지 않고, 당신의 최선과 아이의 최선은 다를 겁니다. 아이의 최선이 너무도 작게 느껴지고 나만 이렇게 아등바등하나 싶어 한탄스러울 수 있습니다. 그러나 당신을 서럽게 하고 화나게 한 아이는 지금 이 순간에도 당신의 눈치를 살피고 있습니다. 관계에서 노력하는 것은 부모만이 아닙니다. 아이도 부모와 싸우지 않기 위해 참고 노력하고 슬픔을 삼킵니다. 부디 당신 눈을 가리고 있는 안대를 벗고 자존심을 내려놓으세요. '내가 옳다'는 생각은 아이를 원망하게만 할 뿐 자기 위안도 되지 못합니다. 당신이 옳다면 말을 듣지 않는 아이는 잘못된 선택을 한 것인가요? 이분법적 사고관은 아이의 행동을 다그치게 만듭니다. 자신의 선택에 과신할수록 당신과 아이의 관계는 멀어질 수밖에 없다는 것을 기억하세요.

② 말을 끊지 않는다.

아이를 다 안다고 믿는 순간 태만해집니다. 잘 모른다고 생각해야 아이에게 열린 마음을 갖게 됩니다. 아이와 대화할 때도 아이의 말이 끝나기도 전에 다 알아들었다는 듯이 요지를 정리하려 들지 마세요. 말하는 요점을 뽑아내고 일반화하는 것은 아이가 아닌 당신 자신을 위한 행동입니다. 아이 말을 끝까지 듣는 게 시간 낭비라고 생각했을 때 나오는 행동이 말을 끊는 것입니다.

아이는 여러 가지 예를 섞어 가며 한참 얘기했는데 "그래, 알았어. 결국 ○○라는 말이지?"라는 말을 들으면, 맞는 말일지라도 소화불량처럼 불편하게, 또는 뭔가 누락된 것처럼 찝찝하게 느껴집니다.

그뿐만 아니라 아이의 말을 싹둑 자르고 '이거지?'라고 말하면 아이의 대화 욕구가 좌절됩니다. 우리는 무의식 단계에서 마음속으로 '멘털 모델mental model'을 형성합니다. 모든 사람이 각자 마음속에 갖고 있는 '세계를 보는 창'을 뜻합니다. 이 창을 통해 제각기 다르게 현실을 이해하고 왜곡하고 받아들이게 됩니다. "요컨대 ○○이라는 뜻이지?"라고 정리하는 것은 아이에게 들은 이야기를 부모 자신이 가진 멘털 모델에 맞춰 이해하는 '듣기 법'에 지나지 않습니다.

이렇게 아이의 이야기를 축소시키는 과정에서 감정의 파편들은 사정없이 깎여나갑니다. 아이가 진정으로 원하는 것이 문제 해결이라고 생각하지 마세요. 여기는 직장도 아니고 지금 업무적인 대화를 나누는 것이 아닙니다. 무엇보다 '공감'이 우선이라는 점을 잊지 마세요.

요지를 파악하고 감정을 내치는 행위는 아이와의 감정적 연대감을 끊어내는 행위입니다. 대화를 쉽게 하려 하지 마세요. 안이하게 '알았다'라고 말하고 넘기면 안 됩니다. 장황하게 이야기를 늘어놓는 아이의 말을 듣고 있기 지루할 수 있습니다. 이만 대화를 끝내고 들어가서 쉬고 싶을 수도 있습니다. 그러나 아이에게 집중하고 다가가는 모든 순간들이 관계에 있어서는 확실한 투자이며, 큰 결실로 다가온다는 것을 기억하세요.

③ 부정하지도, 비난하지도 않는다.

갈등 없는 관계는 없습니다. 갈등이 생겼을 때 어떻게 풀 것인지가 숙제입니다. 갈등을 해결하는 과정에서 많은 사람들이 상대방을 비난합니다. 부정하거나 비난하는 것은 쉽고 때로 즐겁지만, 문제를 해결하려고 노력하는 과정은 힘들고 불쾌합니다. 갈등 해결 방식으로 비난과 부정하기를 선택하면 즉각적인 쾌감을 얻을 수 있습니다. 자신이 승리자가 된 것 같은 착각에 휩싸이게 됩니다. 아이와의 갈등 상황에서도 마찬가지입니다. 하지만 이런 대화를 통해 아이는 자신이 공격받았다고 느끼고 방어적 말투를 사용할 수 있습니다. 부모 말을 되받아치고, 지지 않겠다는 말투가 튀어나와 관계를 해칠 가능성이 높습니다. 그러니 아이와 대화할 때는 결점을 지적하고 비난하며 공격하기보다 자신의 감정을 말하고 상황을 되도록 제3자의 입장에서 중립적으로 묘사하세요.

또한 비난은 문제에 직면하는 태도가 아닙니다. 자신을 방어하고 상대를 공격하는 '회피의 길'입니다. 이 길을 택하면 문제를 피할 수 있지만 본질적 고통은 해결되지 않습니다. 고통을 회피하는 기간이 길어지면, 마침내 문제를 직면했을 때 받게 될 고통은 산사태가 되어 자신을 덮쳐옵니다. 아이를 사랑하는 마음과는 별개로 인간의 몸은 오롯이 자신의 생존을 목표로 하기에 자기중심적입니다. 따라서 자기가 원인이 아닌 타인의 슬픔에는 깊게 공감할 수 있지만, 자기가 원인을 제공한 슬픔에 대해서는 냉정해질 수 있습니다. 타인의 슬픔을 인정하는 행위가 자신에게 죄악감을 느끼게 한다면, 우리는 그 슬픔에 공감하기 어렵습니다. 본능적으로 심장은 불편한 감정을 꺼려합니다. 나의 최선이 아이에게 상처가 되었을 때 이를 인정하고 아이와의 다름을 받아들이는 것이 어려울 수밖에 없는 이유입니다.

이러한 한계를 구실로 도망칠 곳을 만들라는 것이 아닙니다. 아이를 위해 애써 주세요. 인간은 자신의 고통에 가장 민감합니다. 그것이 우리 모두의 한심한 한계지만, 부모는 아이의 고통을 외면하지 않고 계속해서 탐구해야 합니다. 아이가 어른을 공감하는 것은 어렵기에 부모는 때때로 외롭고 억울할 수 있겠지만, 그것이 부모의 숙명입니다.

만약 아무리 노력해도 아이 감정이 도저히 이해되지 않을 때는 그냥 대충 '알겠어' 하고 지나가지 말고 보다 구체적으로 자신의 마음과 신체 반응을 설명해달라고 하세요. 아이의 마음에 공감하고 변화가 필요하다고 느꼈다면, 자책하는 데 시간을 쏟지 말고 엄마가 어떻게 행동하면 기분이 풀릴지 물어봐 주세요. 자책으로 시간을 낭비하는 것은 쉽고 편한 방법입니다. 고칠 것을 미루지 말고 당장 그 행동을 변화시킬 수 있는 방향으로 나아가세요.

기질 맞춤 육아 시 잊지 마세요!

● 나를 탓하는 것도, 내 부모를 탓하는 것도 그만두세요.

어릴 때의 슬픈 기억이 떠오르면 떠오르는 대로 내버려 두세요. 그리고 당신의 부모도 나쁜 의도가 있어서가 아니라 부모가 처음이기에 그랬다는 것을 기억하세요. 당신에 대한 사랑이 지나쳐 이성적이지 못했던 것입니다. 당신도 자식에 대한 사랑이 지나쳐 감정에 휘둘려 아이에게 상처 줄 때가 있듯이 말입니다. 인간은 누구나 실수하고 당신도, 당신의 아이도 그것을 받아들여야만 합니다. 가벼워지세요. 더욱 산뜻해질 필요가 있습니다.

● 당신이 너무 자주 흔들리면 아이도 같이 흔들립니다.

당신이 흔들리면 아이는 당신을 혼란스럽게 하지 않기 위해 빨리 어른이 되려고 노력할 수 있습니다. 아이가 아이인 시간을 잘 보낼 수 있게 어른인 당신의 자리를 지키십시오. 일찍 일어나는 것도, 방을 치우는 것도, 숙제를 제때 잘하는 것도 알려줘야 하지만 가장 중요한 건 굳건한 부모를 향한 아이의 신뢰입니다.

● 아이의 괜찮은 척, 아무렇지 않은 척에 속지 마세요.

우리는 모두 부모의 언어를 알아듣기도 전에 연기를 시작합니다. 부모를 신경 쓰게 하고 싶지 않아서 자신의 상처를 감추는 법을 익힙니다. 짜증으로, 웃음으로, 무던함으로 태연한 모습을 보이려 애씁니다. 그렇게 허울뿐인 관계로 아이가 당신에게서 멀어지게 하지 마세요.

● 걷다가 두려우면 언제든 달려와 안길 수 있는 따뜻한 존재로 남아 주세요.

부디 앞이 보이지 않는 터널을 아이가 홀로 걷게 내버려 두지 마십시오. 학교에 가도, 학원을 가도, 하다못해 밖에서 마주치는 어른조차 당신의 아이를 가르치려 듭니다. 그러니 당신만큼은 아이가 쉬어갈 수 있는 존재가 되어야 합니다. 어깨 위에 놓인 과거의 짐을 벗고 머리를 비우고 아이를 꼬옥 안아주세요. 아이가 어색해해도 괜찮습니다. 아이는 곧 안정을 찾을 것입니다. 포옹이 익숙해질 때까지 매일 시도해 보세요. 오래 안고 있을 필요는 없습니다. 당신의 온기가 아이한테 전해지는 순간이 있으면 됩니다. 그리고 처음 아이를 만나 감동에 젖어 웃었던 순간을 떠올리며 바라봐 주세요. 당신의 아이는 항상 그 눈빛에 목말라 있습니다.

보이시나요? 충족된 애정 속에서 평화를 찾은 당신과 아이의 모습이.
당신과 아이의 분노가 모두 사라지는 순간입니다.

아이에게 방패를 주자.
생존력을 키우는 것이 첫 번째다

어릴 적, 저는 저 자신을 잘 몰랐습니다. 제가 부족한 게 뭔지, 무엇을 원하는지 헤맸습니다. 어른이 된 후, 나를 잘 알고 나에 대해 알려주는 안내자 같은 사람이 있었으면 좋지 않았을까 생각했습니다. 누군가 나의 인생에 적극적으로 개입해서 '이 길로 걸어가. 내가 도와줄게' 이렇게 말하면 내가 원하는 곳에 안전하게 도달하지 않았을까. 방황이 없는 인생이지 않았을까 생각했습니다. 그래서 딸이 헤매지 않고 일찍 삶의 목표를 잡고 나아갈 수 있게 안내하고 싶었습니다. 그러나 돌이켜 보니 저는 너무 자의적이었고 아이 관점에서 말하기보다는 제 입장과 생각을 주입하려 했습니다.

고등학교 때 딸은 휴학을 원했습니다. 저는 기본 교육을 다 끝마치는 게 중요하다고 생각해서 아이를 설득해 학교를 졸업시켰습니다. 딸은 내향형·감정형·자극추구형 기질입니다. 어릴 적 매일 홀로 그림을 그리거나 글을 쓰며 시간을 보냈습니다. 중학생 때 선화예고 미술 영재에 뽑혀 무료로 일 년간 미술 수업을 듣고 1등으로 졸업하기도 했습니다. 학창 시절 내내 학교 대표로 나가 글쓰기 대회에서 좋은 성적을 거두었고 대학도 문예창작과로 진학했습니다. 그러나 아이는 야망이 없었고 열정이 없었습니다. 저는 항상 초연한 표정의 아이가 답답했고 미래가 걱정되었습니다. 험난한 사회에서 살아남을 수 있게 야심 있고 사회적인 아이로 키우고 싶었습니다. 내향형 기질인 아이를 타인과의 비교를 통해 성장시키려 했고 감정형 기질인 아이가 일정한 수준으로 무언가를 해내지 못하는 것을 다그쳤습니다. 제 바람과 달리 아이는 위축되었고 더욱 혼자만의 동굴로 들어갔습니다.

저는 나름대로 최선을 다했기에 내 뜻을 따라주지 않는 딸이 못내 섭섭했습니다. 어느새 저는 아이가 내게 하는 말보다 주변인들의 말을 신뢰했습니다. 지금 생각해보면 그것이 큰 오산이었던 것 같습니다.

시대가 바뀌었습니다. 그때 아이의 판단이 옳았다는 것을 지금 깨달았습니다. 체제 안에 있다고 무조건 안전이 보장되지 않는다는 것을 깨달았습니다. 자신의 기질을 알고 신뢰하며 자신에게 적합한 환경과 일을 찾아내는 아이가 행복을 거머쥘 수 있습니다. 제가 딸의 기질을 보다 빨리 인정했다면 딸과 언쟁하고 헤매느라 귀중한 시간을 낭비하지 않았을 겁니다.

딸의 자율적인 기질을 인정한 후, 저는 딸이 회사를 그만두든 다른 일을 하든 그저 묵묵히 지켜보았습니다. 나서서 조언하지 않고 딸의 감정을 존중하며 대화했습니다. 기질 연구를 통해 딸은 '완성된 퍼즐 조각을 맞추어 나가는 아이가 아니라 스스로 퍼즐을 만들어나가는 아이'라는 것을 알게 되었으니까요. 그 결과 이제 딸은 저를 신뢰하고 저와의 대화를 즐기게 되었습니다. 그리고 지금 누리고 있는 자신의 행복을, 다른 아이들은 보다 일찍 누렸으면 좋겠다고 말하며 제게 같이 책을 쓰자고 권유했습니다. 처음에는 망설였지만 우리가 지나온 뼈아픈 시간을 지나고 있을 사람들을 생각해 용기를 냈습니다.

돌이켜 보면 첫아이인 딸을 이리저리 깎아 아름다운 모양으로 만들어 주고 싶었던 것 같습니다. 어디를 가든 딸이 남들에게 예쁜 말, 좋은 말을 듣기 바라는 마음에서 나온 저의 행동이 날카로운 칼이 되어 아이에게 상처를 주었는지 몰랐습니다. 어리석었다는 것을 지금은 압니다. 딸은 내가 원하는 모양으로 만들어지지 않았습니다. 오히려 마음에 흉터가 남았습니다. 서로의 흉터를 가엾이 여기고 어루만져 주는 지금의 관계도 괜찮습니다. 그러나 제가 남긴 딸아이 마음의 흉터를 보면 마음이 아주 아픈 것은 사실입니다.

우리는 모두 태어나서 죽을 때까지 누군가로부터 평가를 받습니다. 여기저기서 날아오는 칼 같은 평가들은 모두 그럴듯한 이유가 있습니다. 그들은 당신을 위한다고 말하지만, 아닙니다. 그들은 모두 다른 생각을 하고 다른 답을 정답이라고 이야기합니다. 그래서 어떤 답도 옳다고 말할 수 없습니다. 인간이란 존재 자체에 연민을 가지세요. 결국 우리를 긍정하고 응원해 줄 사람은 자신뿐입니다. 자신을 긍정해야 가족을 있는 그대로 긍정할 수 있습니다. 당신이 부모에게서 듣고 싶었던 응원을 자식에게 주세요. 힘든 상황이 왔을 때 당신의 응원에 기대 살아갈 수 있게 버팀목이 되어주세요. 그것이 부모로서, 보호자로서 해야 할 첫 번째 임무입니다.

간혹 부모의 역할을 아이를 올바른 길로 지도하는 '교육자'로 여길 수도 있습니다. 이미 그 길을 지나온 제가 단언하건대, 부모는 교육자이기 전에 '보호자'여야 합니다. 아이는 앞으로 성년이 될 때까지 계속해서 교육을 받습니다. 아이의 기질을 존중해 주는 선생님만 존재할 수 없기에 당신의 아이는 날카로운 칼에 찔릴 수도 있습니다. 당신이 힘써야 할 것은 이런 상황이 생기지 않도록 대신 맞서는 것이 아니라 아이가 직접 세상과 맞서 살아갈 수 있는 방패를 만들어 주는 것입니다.

기억하세요. 아이에게 부모는 두려움의 존재가 돼서는 안 됩니다.

매슬로Maslow*의 욕구 이론에 따른 인간의 5가지 욕구 중에서 안전의 욕구는 성장의 욕구(존경 욕구, 자아실현의 욕구)에 앞섭니다. 즉, 안전하다고 느끼는 아이만이 성장을 향해 용감하게 나아갈 수 있습니다. 세상과 마주하는 것이 두려운 아이는 자신이 무엇을 원하는지 보지 않고 어떻게 하면 안전할 수 있을까에 집착합니다. 자신의 욕구에 충실하지 않고 회피적인 태도로 인생을 살아가게 됩니다. 안전이 행복을 의미하는 건 아닙니다, 가정은 아이에게 안정감을 주고 충전할 수 있는 장소여야 합니다. 아이와 눈을 지그시 맞추면 당신의 무조건적인 사랑이 아이에게도 보입니다. 아이를 있는 그대로 존중하기 어려울 때는 용기를 내 가만히 아이를 안고 온기를 느껴 보세요. 가정이 아이와 부모 모두에게 에너지를 재충전하고 다시 밖으로 걸어 나갈 수 있게 돕는 회복의 공간으로 자리 잡기를 바랍니다.

....

* 사람은 누구나 5가지 욕구를 가지고 태어난다. 이 욕구에는 우선순위가 있어 단계가 구분되는데, 가장 기초적인 생리적 욕구를 가장 먼저 채우려 하며, 이 욕구가 어느 정도 만족되면 안전해지려는 욕구를, 안전 욕구가 충족되면 애정과 소속의 욕구를, 더 나아가 존경 욕구를 채우려고 한다. 그리고 마지막으로 자아실현 욕구를 차례대로 만족하려 한다.

왜 아이가
문제라고 생각했을까

펴낸날 초판 1쇄 2021년 11월 15일 | 초판 2쇄 2022년 12월 20일

지은이 조윤경

펴낸이 임호준
출판 팀장 정영주
편집 김은정 조유진 이상미
디자인 유채민 | **마케팅** 길보민 이지은
경영지원 나은혜 박석호 황혜원

인쇄 (주)상식문화
일러스트 키큰나무

펴낸곳 비타북스 | **발행처** (주)헬스조선 | **출판등록** 제2-4324호 2006년 1월 12일
주소 서울특별시 중구 세종대로 21길 30 | **전화** (02) 724-7648 | **팩스** (02) 722-9339
포스트 post.naver.com/vita_books | **블로그** blog.naver.com/vita_books | **인스타그램** @vitabooks_official

ISBN 979-11-5846-364-9 03590

비타북스는 독자 여러분의 책에 대한 아이디어와 원고 투고를 기다리고 있습니다.
책 출간을 원하시는 분은 이메일 vbook@chosun.com으로 간단한 개요와 취지, 연락처 등을 보내주세요.

비타북스 는 건강한 몸과 아름다운 삶을 생각하는 (주)헬스조선의 출판 브랜드입니다.